強い者は生き残れない

環境から考える新しい進化論

吉村仁

新潮選書

まえがき

人間も生物である――。そう頭でわかっていても、私たちは、イヌやネコ、海の中のウニやホヤ、大腸菌やインフルエンザ・ウィルスと同根であるなどとは、本気で思っていない。

パソコンで有意義な情報を瞬く間に入手し、美味しいワインを味わい、高性能のハイブリッドカーに乗り、本を読み、絵画に感動し、夕陽に心を震わせ、清潔な衣服を身にまとい、毎日シャワーを浴び、進んだ文明社会に暮らしている私たちは、特別な存在――進化のたどり着いた先の理想型の生物――と思っている。

二〇〇五年に、『素数ゼミの謎』（文藝春秋）という本を一般書として初めて上梓した。おかげさまで、多くのメディアで紹介されたせいもあってか、私のことを「セミ学者」だと思っている人は多いのだが、本職は、生物進化の研究者である。毎日のように生物の進化を考えている身でも、冒頭に書いたようなことを、油断すると思ってしまうことがある。人類だけは特別だろう、と。

人間はもちろん生物である。人類は、進化の最終型などではなく、この惑星では「適応放散（繁栄）と絶滅」（＝進化と絶滅）は今でも進行中である。第十二章でも書いたが、地球の生き物たちは、生物が生まれたと思われる約40億年前からほぼ同じことを繰り返している。

人間もまた、「進化と絶滅」を繰り返している最もわかり易い例が、企業の経済活動だろう。たとえば、銀行。今から30年前に、三井銀行と住友銀行が合併するなどと、誰が想像できただろうか。世界の自動車メーカーも同様に、「生き残るため」、買収や合併を繰り返してきていて、その相関図をA4の用紙に書いてみると、線が入り乱れて、いったいそもそもどこがどの企業を支配しているのかわからなくなってくるほどだ。

この原稿を書いているつい数日前には、BMWグループが記者会見を開き、メルセデス・ベンツで知られる独自動車大手ダイムラーと高級車部門で提携交渉に入ることを明らかにしている。ホンダ日産、あるいはトヨタ日産なるメーカーが誕生する日はそう遠くないと私は思っている。いや、たぶん、JALANAという航空会社が誕生する方が早いのだろう。

日本では、食品大手で勝ち組であるキリンホールディングスとサントリーホールディングスが経営統合の交渉を進めていることが明らかになった。海外市場を共同開拓し、勝ち残りをめざすための統合だという。

少し前まで、ライバル関係にあり、つばぜり合いを演じていたこうした企業が、なぜ掌を返したように協力し合うのだろうか？　それは結局、「生き残るため」の選択なのである。どんな有機体においても生命力の強さは、私たちの想像を絶する。それは、生物も企業も同じなのである。

生物が経てきた40億年という歴史の長さを考えれば、彼らの方が人類よりはるかに大先輩である。生物史が私たちに教えていることは、気の遠くなるような長い年月、生命（遺伝子）というバトンを渡し続けている生物は、決して「強い者」ではないという事実である。今、この惑星に生き残っているのは、「環境の変化に対応して生き残ってきた者たち」だった。この本を書く動機は、環境変動が進化に対してどのようにかかわっているかを少しでも明らかにしたかったからだ。そして、「いかに環境の変化に対応するか」でもっとも有効な方法のひとつが、「他者と共存すること」なのである。

サブタイトルにある「新しい進化論」という文言は、現代の進化論＝総合学説（ネオ・ダーウィニズム）を意識している。つまり、「適応度の高いもの」、すなわち「強い者」が勝ち残るという適応度万能論へのアンチテーゼである。

本書では、共生・共存という進化の新しい論点を明確に浮き彫りにするために、人間の社会などに関するいくつかの例を提示した。その中には科学的に実証されていない推論も少なからず含まれている。また、まだ論文として発表していない仮説も多々ある。科学書では本来このような架空の推論や未発表の仮説は極力避けるべきであるのは重々承知している。しかし、進化の新しい観点を明確にするために、あえて実証されてない仮説（空想）を多く用いた。なぜなら、これら仮説を一切使わないで、本書の骨格をなす2つのビジョン（「環境からの脱却」と「共生・協力による絶滅回避」）を明快に説明することが困難だからだ。もちろん、これら実証されてない仮説も私の推論（論理的な思考）の帰結であって、根拠のない空想ではない。

拙著『素数ゼミの謎』もまさにそのような空想科学（SF）を発展させ、正統な科学となしえた成果である。二〇〇九年春には、米国進化学会機関誌『Evolution』や米国科学アカデミー紀要に最新の成果を発表している。

科学において、論理的な空想はとても重要だ。ダーウィンによる『種の起源』と双璧を成す『人間の由来』もまた、すばらしい空想の書である。ここ数十年の間に、その本に書かれた多くの仮説が検証されてきている。私の空想（仮説）も今後、研究者らが検証してくれることを期待している。

本書では、地球約40億年の生物史の中で進化がどのように進んでいったかを、私なりに解説し、人類の近未来にまで手を伸ばしてみた。「進化とは何か」を考えながら、地球の生物史をたどってくれれば、自ずと最後には人類が築いた「現代文明」に触れざるを得ないからだ。人類にとって「進化」はどう関わってくるのか。これまで、どんな生物が、どんな戦略をとって、生き残ってきたのかを思えば、自ずと私たち人間が生存し続けるためにとるべき生き方が見えてくる。

二〇〇八年暮れ、トヨタ自動車の渡辺捷昭社長（当時）が新聞で、私が進化生物学者として長い間、確信していたこととまったく同じメッセージをコメントしているのを読んで驚いたことがある。「一人勝ち」のトヨタを襲った未曾有の危機に際して、渡辺社長が社員に呼びかけている言葉なのだという。その言葉を借りて、まえがきの終わりにしよう。

「強いものが生き残るのではなく、環境変化に対応できたものだけが生き残るのだ」（二〇〇八年12月10日付け読売新聞、「激震経済トヨタ・ショック4」より）

強い者は生き残れない――環境から考える新しい進化論　目次

強い者は生き残れない——環境から考える新しい進化論

第一部　従来の進化理論

第一章　ダーウィンの自然選択理論

「環境」という言葉は使われなかった

地球に生命が誕生したのは約40億年前。それ以後、自然選択という篩《ふるい》を経て、生命はさまざまな種に枝分かれし、あるものは絶滅し、あるものは生き残ってきた。そして今なお進化の途上にあるといわれている。

生物の進化の原因について解明したイギリスの生物学者チャールズ・ロバート・ダーウィン（一八〇九―一八八二年）の「自然選択理論」の骨子は、以下の3点である。

①生物の個体には形質のばらつき（変異）がある。
②その形質の違いが生存率や繁殖率に影響を及ぼす。
③この形質は遺伝する場合がある。

ある特定の形質が世代を超えて他のものより多く生き残るのであれば、それが個体群（個体の集団）の中で次第に増えてゆき、やがては定着すると考えられる。これがダーウィンの進化論のごく簡単な説明だ。ダーウィンの功績のひとつは、それまで取るに足らないものと思われてきた「個体変異」に価値を見いだしたことである。それは自然選択理論にたどりつくための大きな第一歩だったと思われる。

生物の生存率や繁殖率を左右する要因は「環境」であり、ダーウィンの進化論では、より（環境に）適した生物が生き残るとされる。ダーウィンはこのように、生物が環境に選ばれることを「自然選択（natural selection）」と呼んだ。その選択の有利さ、つまり、生物が環境に適応する度合いは後年、集団遺伝学者のJ・B・S・ホールデンによって「適応度（fitness）」と定義された。ただ、ダーウィンの生きていた頃は、「環境」という概念が確立されていなかったので、「環境選択」と呼ばず、「自然選択（淘汰）」と名づけたのだろう。このことが、皮肉にも後の近代生物学において「環境」を無視するひとつの大きな要因になったと思われる。

ここでいう、「環境」とは、いわゆる人間から見た環境ではなく、生物の個体や個体群から見た環境である。つまり、生物の個体が感知したり、影響を受ける周囲の状況の総体のことだ。もちろん、その生物が認知もできず影響も受けない物質が周囲にあっても、それはその生物の環境とはいい難い。たとえば、犬は色覚がないので、周りの色は犬にとって存在せず環境とは呼べない。同様に、太陽の偏光や紫外線は、ミツバチには見えるので明らかに重要な環境であるが、人

〈図1〉草原環境と森林環境でのウサギの自然選択。食べるエサも、危険な捕食者も異なる。

間には見えないので我々にとっての視覚環境ではない（もちろん紫外線自体は、皮膚ガンを発症させるので、人間には重要な環境であるが）。

自然選択とは、本来の意味からすると「環境選択（environmental selection）」と呼ぶべきであろう。つまり、選択する主体は「環境」であり、選択される対象は「生物の各個体」なのである。だから、当たり前のことであるが、環境が変われば自然選択も変わる〈図1〉。この点は非常に重要で、ダーウィンの生きた19世紀には、自然選択は変化しないというような考えが広く信じられていたが、自然選択はいつもダイナミックに変化しているのだ。

近代の集団遺伝学（遺伝子の変化を調べる学問）では、進化とは「遺伝子頻度の変化」と定義しており、ほとんどの研究は「環境は一定」と仮定して遺伝子頻度（個体群の中で遺伝子の占める割合）がどのように変化するかを研究してきた。そして、このような一定環境での自然選択を「安定化選択」と呼んだ。安定化選択の多くは、一旦最適な形質に行き着くと、機能の壊れた遺伝子の排除に働く。

生物の存続を考えると安定化選択は重要なことであるが、安定化選択と対比して、異なる環境への選択を方向性選択と呼ぶ。方向性選択は、以下のように考えることができる。環境Aにいた個体群を環境Bに移すと、そこに従来と異なる選択がかかる。そのとき、今まで選ばれていた形質とは異なる形質が有利になり、その方向へ進化する。だから、方向性選択は最後には、環境Bに適応して、安定化選択に変わると考えられている。

生まれることより、生き残ること

なぜダーウィンの時代、環境が無視されたか、自然選択理論を詳しく見てみよう。

篩とは、大きい物と小さい物を選り分けるザルのようなものである。自然選択は、よくその篩にたとえられるが、では、どのような個体が選ばれるのだろうか？　選ばれる個体の有利さを表わす指標として、よく「適応度」というものが使われる。その定義は、シンプルなようでいて、とても難しく、進化生物学の大きな課題となっている。ここではごく簡単にいくつかその定義を説明する。

適応度とは、ある特定の遺伝子型を持つ個体または個体群の特性として定義される。

もっとも簡単な適応度の定義に、生態学でよく使われる「個体の生涯繁殖成功度（lifetime reproductive success of an individual)」がある。略して「繁殖成功度」とも呼ぶが、ある個体が生まれてから一生の間にどれだけ子孫を残すかという指標である。たとえば、出芽酵母が生まれてから死ぬまでに、何個娘細胞を出芽したかである。

ところが、この繁殖成功度もクセモノである。モンシロチョウを例に考えてみよう。モンシロチョウのオスが多数のメスと交尾したとする。そのときオスの生涯繁殖成功度は、交尾したメスの産卵数と思うかもしれない。が、交尾したメスが交尾後にすべて鳥の餌食になれば、このオスは子孫を残せない。さらに、産卵した畑に殺虫剤が散布されたり、キャベツを収穫されたりすれば、卵や幼虫はすべて全滅してしまう。その場合、そのオスの繁殖成功度はゼロなのである。オスのモンシロチョウの繁殖成功度とは、メスと交尾した後、卵から幼虫・蛹《さなぎ》と育ち次世代の成虫になるまで2世代を考える必要があるのだ。実際の研究ではそこまで完全に適応度を推定することはとても難しいが。

実際の生涯繁殖成功度はこうなる。あるメス（親）がキャベツに産卵したとする。その場合、

生涯繁殖成功度　＝　産卵数　×　成虫（親）になるまでの生存率

つまり、それら産卵された卵がどれだけ成虫まで育つかが重要なのである。オスの場合には、交尾したメス各々の繁殖成功度を足せばよい（もちろん、オスの精子が受精に使われた場合だけであるが）。このように、生涯繁殖成功度では1世代の経過を必要とするが、生涯のどこを始点とするかは自由である。たとえば、ある1個の卵の生涯繁殖成功度は、その卵が無事成虫に育ち、交尾

を経て、次世代の卵がいくつ産卵されるかを考えることになる。

繁殖成功度とは、このように繁殖の成功率と親になるまでの生存率というまったく異なる2つの要素で決まることから、いろいろ複雑な問題が起こる。例えば植物の種子は、しばしば大きさに変異がある。繁殖に投資できる量（例えば重さ）が同じなら、このとき大きい種子を作ると数が少なくなる。また、小さい種子ならたくさんできる。この場合、

種子数　×　種子の大きさ　＝　一定（全投資量）

となる。ここで、種子の大きさは、その種子が育って成木（親）になる確率に大きく影響する。つまり、大きな種子は高い確率で親になる。そこでは、種子数（産卵数・子供の数）を多くすると、親になる確率が低い小さな種子となり、逆に親になる確率の高い大きな種子をつくると、種子数が減ってしまう。このように、2つの形質の一方を良くすると、もう一方が悪くなる場合、これらの形質には「トレードオフ（trade-off：逆相関）がある」という。生物の世界には、数多くのトレードオフがあり、これが、生物の適応進化を制限し、その様相を複雑にしている。

トレードオフのように2つの形質が互いに関係する場合を「従属である（dependent）」または「独立ではない」という。逆に、もしその2つがまったく関係しない場合、2つの形質は「独立である（independent）」という。たとえば、モンシロチョウの幼虫の色彩パターン（形態形質）はそのときの生存率に影響すると想定できるが、成虫期の交尾・繁殖とは関係がないと思われる。

幼虫の色彩は、成虫期の形質と独立であることは想像に難くない。逆に、幼虫の色彩は、幼虫の生存率（これもチョウの形質）と深く関係している。幼虫の色彩の遺伝子型の進化を研究する場合は、関係している幼虫期の生存率や成長率を調べればよく、関係していない交尾・繁殖を考える必要がない。このように、適応度の要素でも、研究対象の形質に関係ない（独立である）場合は、一定として無視することができる。

ここで、実際の繁殖成功度、つまり子の数について考えよう。ある遺伝子型を持つ親について、次世代の子の数（推定値）が０・８としよう。１００個体の親から考えて、次の世代は80匹になる。その次は64匹と減って、数世代で絶滅する。このように、子の数が1未満ではその個体の子孫はやがて絶滅する。逆に、子の数が1より大きいと個体数はどんどん増加する。ネズミ算はまさに、子の数が2の時で、倍々となる。子の数がちょうど1のときに増えも減りもしないことになる。

繁殖成功度は、有性生殖をする場合には半分と考える必要がある。子は遺伝的には精子か卵子として半分しか同一でないので、生涯に生まれた子の数の半分が繁殖成功度となるからだ。そのため、子の数がちょうど増えも減りもしない場合は、子供2人×０・５人（子供1人当り）＝1人である。日本の出生率は長らく2を切っている（二〇〇八年度の出生率は１・３７人、厚生労働省人口動態統計）ので、確実に減少していくことがわかる。

相対適応度と平均適応度

もうひとつ、集団遺伝学や進化ゲーム（第二章参照）でもっともよく使われる適応度が、相対適応度（relative fitness）だ。今まで説明した適応度は、実際にどれだけ子供ができたか（子供の数）とか、どれだけ増えたか（増殖率）などの絶対適応度だった。それに対し、相対適応度とは、誰（どの遺伝子型）が誰より強いのか、という「強さ」の尺度である。

新しい遺伝子型が突然変異したときを考えてみよう。まず、それまでの遺伝子型を「野生型」と呼ぶ。たとえば、1世代の間に野生型の親が子を10匹作り、突然変異型が12匹作るとする。そのとき、野生型の子1匹に対して、突然変異型は、12÷10で1・2匹となる。この1・2が、野生型を1としたときの突然変異型の相対適応度となる。このように、基準の遺伝子型の適応度を1としたとき、その基準に比べてどれだけ有利か不利かを表す尺度が相対適応度だ。

進化ゲームでは、遺伝子型の代わりに戦略の相対適応度を問題にする。また、基準は野生型でなく、対象とする生物個体群の平均増殖率とすることもある。そのときは、各遺伝子型（または戦略）の相対適応度が1を越えていれば、個体群の中のその遺伝子型の割合（これを頻度という）は増加し、1より低いと減少する。このように、相対適応度は、遺伝子頻度の増減を表すのにとても便利な尺度である。

前に述べたように、集団遺伝学や進化ゲームでは、遺伝子（または戦略）頻度の変化を進化と定義している。だから、遺伝子の有利不利を表す相対適応度は、そのまま進化の尺度として使えるはずである。これが、相対適応度が、集団遺伝学や進化ゲームを含む進化生物学全般で広く使われている理由である。

実は、この広く浸透している相対適応度は大きな問題を抱えている。実際に変動している個体数が分からないのである。先ほどの例では、突然変異型は、相対適応度が1・2だったが、実際に以前に比べて増加しているか減少しているかは判らない。基準とした野生型の子10匹のうち大人になって繁殖できたのは0・5匹だとする。つまり増殖率は2分の1だ。このとき、突然変異型の増殖率は、1.2×0.5で0・6。つまり、突然変異型の個体が10匹いると、次世代では6匹に減ってしまう。このように相対適応度は高くても実際の個体数が減ることがある。逆に、相対適応度が低くても個体数が増えることもある。

生物個体群の個体数が変化しない（つまり一定の）ときは、相対適応度は個体数の増減と一致する。たとえば、平均増殖率を基準としたときには、相対適応度が1より高い遺伝子は個体数が増加し、1より低い遺伝子は減少する。

では、なぜ生物の個体数は変化するのだろうか？　それは、環境が変化するからだ。環境が変わらなければ、個体数も一定になるので問題ない。しかし、環境が良くなったり悪くなったりすると、個体群内では、個体数が増えたり減ったり変化する。このとき、各遺伝子型の相対適応度では、実際には増加しているのか減少しているのか分からなくなる。本書で論じる環境不確定性（すなわち環境変化や変動）の生物個体群への影響は個体数の増減を伴うので、相対適応度ではとても扱いにくい問題なのだ。この扱いにくさが、逆に、環境変化・変動の問題が集団遺伝学や進化ゲームでほとんど研究されてこなかった理由かもしれない。

また、実際の適応度の推定にも問題がある。相対適応度や絶対適応度（増殖率）の推定は、1世代当たりの尺度で、たくさんの個体が実際に達成した適応度から平均として推定される。それゆえに、これらの適応度は、しばしば、平均適応度（mean fitness）と呼ばれる。総合学説では、この平均適応度が最大になる形質が進化すると考えている。

ところが、この平均適応度というのがクセモノなのだ。平均適応度はあくまで計算の結果出てくる統計的な推定値だ。ところが、すべての形質が平均的な人間なんてありえないように、すべての個体はどこかが違う。各々が経験する環境も異なる。だから、個体の適応度には大きなバラツキがあるのだ。実際に、どの個体が生き残り、多くの子孫を残すかはわからない。そのため、実際に決まる適応度は、確率的な値で、平均値と同じではない。たとえば、サイコロを振ったら偶然に1ばかりでることがあるように、偶然に高い値ばかりが選ばれるかもしれない。このように、実際の適応度は確率的な実現値であり、平均的な推定値が実現するとは限らない。

このように平均適応度も相対適応度と並び、環境変化・変動を無視した尺度なのだ。これらの定義を基にした研究のほとんどが、環境は一定であるという大前提で、適応度や遺伝子（戦略）頻度がどうなるかを研究している。実際に、多くの研究論文は、環境の変化や変動に全く言及していない。しかし、環境の変化や変動は進化を考える上でもっとも重要な要因であると私は思う。

「霧のロンドン」と黒い蛾

ダーウィンの進化論では、生物には十分な繁殖能力があり、生き残りをかけた競争的な環境に置かれているために、進化とは「個々の生物（個体）が自らの適応度を最大化するプロセス」と考えられてきた。言い方を変えれば、現在、地球上に生息している生物はそれぞれの環境で適応度を最大化した結果なのである。

自然選択の具体的なケースとしては、18世紀から19世紀にかけてイギリスで起こった産業革命に伴う、「オオシモフリエダシャクの工業暗化」がそのいい例だ。当時、イギリスの諸都市では、石炭産業の普及とともに煤煙が空を覆い、付近の森林の樹木が真っ黒になった。オオシモフリエダシャクは夜行性の蛾で、昼間は木の幹に止まってじっとしているが、煤煙で樹木の幹が黒くなるにつれて、黒色型（黒化型）が頻繁に見られるようになり、一九五〇年代になると場所によっては、黒色型が１００％を占めるようになった〈図２〉。これを「工業暗化」といった。医師でアマチュア昆虫家でもあったバーナード・ケトルウェルは、この現象を精力的に研究し一連の論文を発表した。さらに一九七三年には『The Evolution of Melanism（暗化の進化）』という著作をまとめている。

工業暗化はイギリス全土で観察され、黒色型の頻度が、特にロンドンを中心とした工業化の進んだ地域で高くなった。この黒色型と従来の野生型である白色型（実際は淡い灰茶色に近い）は遺伝的な形質である。

ケトルウェルは、黒色型と白色型を煤煙で黒化した幹と従来の白っぽい地衣類に覆われた幹に

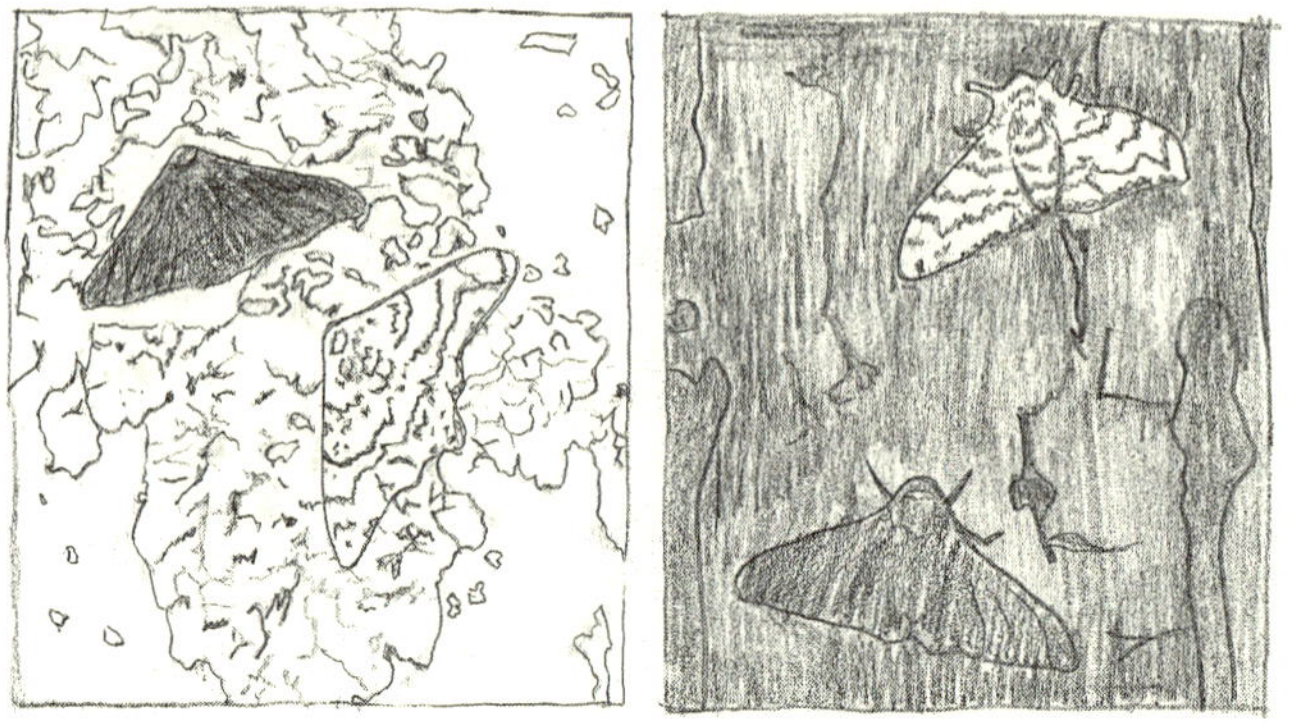

〈図２〉オオシモフリエダシャクの黒色型（左図）と白色型（右図）のイラスト。地衣類のついた自然の幹（左図）では黒色型が目立つが、ススで黒くなった幹（右図）では白色型が目立つ（Kettlewell 1955より作成）。

止まらせて、鳥の捕食実験をした。黒色型は黒化した幹ではとても見分けにくいが、白い幹では大変目立つ。同じように、白色型は自然の幹では擬態していてとても見つけにくいが、黒化した幹では目立ってしまう。捕食実験でもその効果は裏付けられている。つまり、黒色型は公害で黒くなった樹皮に擬態しており、白色型は自然の白い地衣類に擬態しているのである。成虫の捕食率（死亡率）が両者では格段に違う。

以前は、白色型（野生型）が適応的であったが、石炭の煤煙による樹木の幹の黒化とともに、自然選択の篩が変化して、黒色型が有利になった。そして徐々に黒色型が増加していき、最終的には、１００％固定されたのである。ここで思い起こしてほしいのは、「木の幹という環境」の変化が自然選択を変化させたこと。つまり、これが「環境選択」だ。環境選択の影響を受けたのは、何もオオシモフリエダシャクだけではない。同時期に多数の蛾の仲間で黒色型が多発している。

進化の速度は思ったより速い

ロンドンの蛾の現象を「適応度の最大化プロセス」という視点で捉えた場合、次のような説明になる。

「蛾の色彩型は、それぞれの環境で適応度を最大化する方向に進化する。石炭の煤煙で汚されていない森では、白色型の相対適応度は黒色型より高くなる。そこでは、黒色型はほとんど生存できない。ところが、汚れた黒い森では、黒色型の相対適応度が白色型より高くなり、白色型は絶滅する」

ここで、気をつけなければならないのは、適応度の最大化プロセスには終わりがあるということである。黒色型または、白色型にすべてが置き換わった時点を「その遺伝子型が固定した」という。その時、最適化は終わったことになる。石炭を湯水のごとく使っていた霧の時代のロンドンでは、ほぼ全部の蛾が黒色型に変わった時点で最適化は終わった。それ以上の変化は、新たな突然変異、それも黒色型より有利な型が出てこなければ起こらない。もちろん、個体数もほぼ安定した。そうすると、適応度、つまり、子供の数は平均1（雌雄ペアの場合は2）個体である。全員が黒色型になり、増えも減りもしなかったのである。

工業暗化では、もっと複雑な問題がある。たとえば、中間的な環境ではどうなるのか。もちろん、ある程度の公害被害のある中間的な環境では、最終的には両型の子供の数は平均1となり、どちらも勝てないので、両方の型が共存することになるはずだ。しかし、実際の割合は、その時の環境がどの程度汚染されているかによって決まる。つまり、汚染の少ない地域では、白色型が有利であり、黒色型は不利である。逆に、汚染の進んだ地域では、黒色型が有利であり、白色型が不利である。では、この有利不利とはどうして起るのか。適応度とどのような関係にあるのだろう。

実は、この汚染の程度が適応度のバランスを生み出すのである。まず、ある森林の樹木の8割が黒く、2割が白い幹であったとする。そして、蛾も8割が黒く、2割が白くて安定しているとしよう。そのときには、黒い蛾も白い蛾も同じ適応度だ。この環境では、黒い蛾は白い蛾に比べて4倍も樹木があるので、大変有利だ。ところが、もし黒い蛾が増えすぎて、9割になると、1割くらいの蛾は間違えて白い幹に止まることになり、鳥に食べられてしまう。このとき、黒い蛾は適応度が逆に白い蛾より低くなる。そして、8割に減ったときに安定するのである。同様にもし、白い蛾が一時的に増えて4割となったとすると、半分の2割は黒い幹に止まり、鳥の餌食になる。そして、2割に減ったときに安定する。安定状態（これを平衡状態という）では、黒い蛾も白い蛾も適応度は同じである。

前述したとおり、適応度とは、ある形質を持つ個体が環境に適応する度合いのこと。厳密にいえば、それには遺伝子と形質の関係をはじめ、さまざまな要素が関係しているものの、最終的には自分の子供をどれだけたくさん残せるかにかかっている。

産業革命当時、ロンドンにはいつも霧がかかっていて、「霧のロンドン」と呼ばれていた。霞んでいる町は、今にもドラキュラや狼男、切り裂きジャックが、暗闇の中から突如現れそうだった。これは実は、霧ではなく石炭産業の煤煙による公害だったのである。

ところが第2次世界大戦後、工業用燃料が石炭から石油に変化して煤煙が極端に減ったため、ロンドンは晴れた見通しのよい都市となり、もはや「霧のロンドン」ではなくなってしまった。そして、燃料の変化に伴い、オオシモフリエダシャクの黒色型もほとんど姿を消してしまった。ただ不思議なことに、森林の樹木の幹には本来の白っぽい地衣類は戻ってきておらず、黒っぽい樹皮はそれほど変わっていない。黒煙がなくなってロンドンの市街が明るくなったせいで、どこでも黒色型は目立ち、白色型は日立たなくなったのだろう。つまり、木の幹だけが重要ではなかったのだ。

工業暗化の例は、自然選択の最適化プロセスがいかに速く進むかを示している。石炭産業を基盤にした近代工業が発達すると、つまり霧のロンドンが起こったとたんに黒色型が増加し、石炭を使わない晴れたロンドンが戻ってくると、十数年のうちに黒色型はほぼ完全に消えていったからだ。このように、環境が変わると自然選択により、急激に生物は適応進化する。

ではこれから、ダーウィンに始まった進化論がたどってきた経緯を、ざっと振り返ってみよう。

第二章　利他行動とゲーム理論

人はなぜ溺れる子を助けるのか

ダーウィンが一八五九年に『種の起源』を発表して以来、さまざまな異論はあったが、自然選択理論は科学的な学説として受け入れられてきた。しかしながら、自然界にはダーウィンの自然選択理論では説明できない現象があったのも確かである。そのひとつが「利他行動（altruism, altruistic behavior）」である。

「利他行動」とは、自分が不利になるにもかかわらず、他者に利益を与える行動のこと。たとえば、身の危険を冒してまで溺れている他人の子を助けようとするようなケースである（このたとえはJ・B・S・ホールデンが一九五五年に一般向けのエッセイで書いて有名になった）。わが子を助けるのは当たり前だとしても、血のつながらない他人を助けようとする自己犠牲的な行為は、「自分の子孫が最大になるように生物は進化する」というダーウィンの自然選択理論では説明できない。

しかし、ダーウィンが進化論を提唱した当時から、利他行動の理由としてある説が広く支持されてきた。それは「生物は種全体に有利になるように行動する」「生物の性質は本来、種の保存に有利なものである」という考え方である。こうした解釈を「集団選択（group selection：群選択、群淘汰ともいう）」と呼ぶ。

最初に述べたように、ダーウィンが提唱した自然選択理論は、あくまで生物の個体についての話だった。しかし、なぜか人間はこの「種のために」という考え方を好む性向があるようで、確たる理由もないのに、集団選択説は長らく支持されてきた。それは集団選択の視点が少なからず人に感動を与えるからかもしれない。溺れている子供を助けるのは、たとえ自分が死んだとしても、人類という種全体にとってはそのほうが有利だから、というわけである。

増えすぎてしまったレミング（タビネズミ）が海に身投げする「集団自殺」や、自らは繁殖しないにもかかわらず卵や幼虫の世話をする働きアリやハチの存在なども集団選択によって説明されてきた。適応度の最大化プロセスという観点からすれば、集団選択は、個体がグループのために生存価が高い仕事をすれば、グループ全体の適応度が引き上げられるということになる。

一九六二年にこの集団選択説を初めて体系的、網羅的に著した本が刊行された。V・C・ウィン＝エドワーズというイギリス人生物学者の『Animal Dispersion in Relation to Social Behaviour（社会行動に関係した動物の分散）』である。ノーベル賞を受賞した動物行動学者のコンラート・ローレンツが支持したこともあり、この本を契機に「集団選択説」はすっかり定着するかに思われた。コンラート・ローレンツも、たとえば「オオカミのような攻撃的な肉食獣が仲間内で殺し合わないのは種のため」などと、利他行動を常に集団選択から説明した。

だが、集団選択説の隆盛は長くは続かなかった。転換点となったのは一九六六年に出た進化生物学者ジョージ・C・ウィリアムズの著書『Adaptation and Natural Selection（適応と自然選択）』である。彼はこの本のなかで「個体選択（individual selection）」という概念を中心に据え、現実には集団選択が非常に働きにくいことをわかりやすく示したのである。

個体選択の主旨は「種が生き残るか絶滅するかは、個体数の増減の総和として説明できる。生き物が行動する動機は、必ず個体の利益になり、自分の子孫をより多く残すことにつながらなければならない。したがって、集団選択が働くとしたら、個体と集団の利益が一致する場合に限られ、そういうケースは極めて稀である」というものだ。そう言われてみると、自然選択は個体の総和で考えられることだし、そもそも人間以外の生物が「種」や「グループ」などという抽象的な概念を持っていると仮定するのもおかしいといえばおかしい。

溺れる子を助けない理由

個体選択の概念からすると、「溺れる子を助ける」という利他行動の理由を説明できない。なぜなら、そのような博愛行動は行為者自身になんの利益ももたらさないからだ。ここでは、まず、個体選択の立場から、人は「溺れる子を助けない」、つまり、純粋な利他行動をとらない理由を説明しよう。

ある個体群に利他行動の遺伝子を持った個体と、持っていない利己的な個体がいるとする。利他行動とはこの場合、溺れる子供を助ける行動である。利他個体は、利他行動により自己を犠牲にしてしまうと、自分の子孫が残らない。利他行動により、個体群の適応度は上がるかもしれないが、利他行動の遺伝子を持っていない個体も等しく利益を受ける。溺れている子供が利他遺伝子を持っているとは限らないからだ。つまり、利他行動をしない遺伝子をもった個体は、利他行動をした個体と同様に利益を享受する。だから、利他行動による自己犠牲だけが損失として残る。

このように、利他行動をしない遺伝子（利己的な遺伝子）は常に適応度がより高くなるので、利他行動の遺伝子は結局排除されてしまう。助ければ助けるほど、利他個体の遺伝子だけが、適応度を低下させるが、利己個体は適応度を減らさないのである。つまり、自分が死んでしまえば、自分の子供への貢献はゼロになるのに対して、その不利益を回復できるほどに集団選択の利益率は高くはない。このウィリアムズの説明以降、進化論では集団選択は極めて限定的とされ、自然選択理論では一般的に個体選択による見方が定着した。

ところが、ここで忘れてはならないのが、そうは言っても集団選択は一律に間違いというわけではないことだ。「種のために」という集団選択は間違いであるが、たとえば「村落のような集団のために」という意味では成り立つのである。なぜなら、村落が存続しなければ、村民も生き残れない。本書では、このような選択を「集団選択」との混同を避けるために、「集団レベル選択」と呼ぶことにしよう。

ウソつき村は滅びる

「種のために」という古い集団選択は否定されたが、集団レベルの進化原理は否定されたわけではない。その後、集団レベルの選択が働くメカニズムが提唱されて、その有効性が再度議論の対象となった。一九七五年に進化生物学者デイヴィッド・スローン・ウィルソン教授が「形質群選択(トレイト・グループ・セレクション、trait group selection)」という原理を発表し、集団選択が有効なケースを見出したのである。

ウィルソンが考えたのは、利他遺伝子を持つ個体が集まり形質群を形成して、互いに利益供与をするケースである。この場合、利他行動により利益を享受するのは、利己個体でなく、利他個体だ。つまり、利他個体同士の協力・協調関係である。このように説明すると大変難しく感じるが、簡単に言えば、「正直者は集まれ!」だ。正直者は利他主義者で、ウソつきは利己主義者である。つまり、正直者だけでグループを形成すれば、正直者同士で協力して利益を分け合える。これなら、ウソつきには利益が回らない。つまり、正直者が接するのは「正直な溺れる子供」であり、「ウソつきな溺れる子供」ではない。もちろん、「ウソつきな溺れる子供」がいても、ウソつきな大人は助けないので、この子は助からない。

もっとも単純な例としては、動物のオスの「レック」という交尾集団だろう。例えば、ライオンはオスが数匹でたくさんのメスを抱えるグループを作るが、このとき、このオスたちは協同でメスを防衛している。つまり、自分1匹では強いオスに対して防衛できないので、数匹が協力し合う。そして、協力によって初めてメスと交尾でき、子孫を残せるのだ。弱いオスたちの知恵といえるだろう。

クマゼミの合唱も協同行動のレックといえる。クマゼミはオス同士が集まり、大きな集団を形成する。そして、一緒に鳴くことで、たくさんのメスを引き寄せる。1匹で鳴いていてもメスがよってくる可能性は低いからだ。

余談であるが、メスももちろん相手が欲しい。セミ採りでメスはなかなか採れないと思いがちであるが、実は、簡単に採れる方法がある。オスがよく鳴いている木の下を探せばいいのである。メスは、オスが鳴いていると下方から寄ってくる。だから、オスが鳴いているところには、しばしば、数匹のメスがいる。私は軽井沢周辺にチッチゼミを採集に行ったときに、オスが鳴いている木のすぐ下や周りを丹念に探して、ほぼオスと同数のメスを採集したことがある。

また、生物によっては、生息場所を隔離し、無数の小さな個体群をつくることがある。そのような場合、協調派の多い個体群と非協調派の多い個体群ができることがある。すると、前者の個体群は数を増やし、新しい個体群を分派する。そして、非協調派の個体群は絶滅していく。

狩猟時代の人類を例に考えてみよう。狩猟時代には各集落は十分隔離されており、交流は少ない。そのとき、正直者の多い集落は飢饉も協力して乗り切ることができるので、生き残る。ところが、ウソつきが多い集落では、協力して行動できないので、飢饉のときには、食料を奪い合い、最後には、滅亡してしまうだろう。正直な集落は繁栄して大きくなり、新しい姉妹集落を生み出すかもしれない。

ジョージ・C・ウィリアムズが集団選択の矛盾を突き、適応度は集団ではなく個体から考えるべきだという見方が確立されたものの、その見方自体が利他行動の問題を解決したわけではない。かえって、それまで正しいとされていた集団選択説が否定されたせいで、利他行動を説明するために、個体選択に基づく新しい理論が必要なのかもしれない。それとも、人間からすれば利他行動に見える行動には、もしかしたら何かしら利己的な理由（利益）があるのかもしれない。

にわか成金と歴史ある富豪とのちがい

個体選択がいかに重要かは、募金活動のような一見とても人間的な行為にもよく表れている。金銭的に余裕のない人間が生活費を大幅に削ってまで募金をすることはまずあり得ない。巨額の募金をするのはビル・ゲイツやウォーレン・バフェットなどの一部の大富豪くらいのものだ。一方で、ケネディやロックフェラー、それからアメリカ南部の農園領主のヘースタイン家、ひいてはイギリスの女王や貴族などのように、同じように莫大な資産を持っている「名家」の人たちが巨額の募金をすることはあまりない。なぜだろうか?

一個人が使える金額には限度がある。個人の適応度を考えた場合、自分の直近の子孫が必要とする以上の資産を持っていても、子供たち、孫たちの適応度を高める効果はあまり期待できない。最適化の観点から言うと、過分のお金を有効に使うのは大変に難しいものなのである。では、どうすればいいか。ひとつの方法が募金だ。募金を通じて社会貢献すれば、知名度や信用が上がり、結果的に子孫にも利益が及ぶ。おかげで自分のためにお金を使うよりも、よほど個人の適応度を高められる。巨額の募金によって得られるものは、「名声と信用」だからだ。

歴史のない、いわゆる「にわか成金」は、金はあっても知名度に欠ける。ビル・ゲイツくらいになればその名を耳にした人は多いだろうが、それでも名声といえるほどではない。ビル・ゲイツ以外に、名家ではなくて世界的に有名な富豪がどれほどいるかといえば、そうたくさん名前が上がらない。だから、一代で巨額の財を成した者たちは積極的に募金をするのだと私は思っている。それは人類という種全体のためではなく、あくまで自分の適応度を高めるひとつの手だてとしてである。

ところが、歴史ある名家は「成金たち」とは事情が違う。彼らにはすでに十分な知名度がある。彼らが巨額の募金をしても、適応度はさほど高くはならない。したがって、チャリティに出て行く必要があっても、彼らが募金する金額はその資産に比べた場合、多くはない。それよりも彼らは自分や一族を維持するために「投資」に力を入れる。そうすることが彼らの適応度から見て最適な選択だからだ。

人類も生物であり、生物進化の例外では決してない。もし集団選択が正しいとするならば、成り上がりであれ名家の人間であれ、人類という種全体のために、莫大な資産を持つ人間は等しく巨額の募金をしているはずである。しかし、現実にはそうならず、ヨーロッパの貴族もアメリカの名家も長々と家系を維持し続けている。それは生物にとってとりもなおさず「種の利益」より「個体の利益」のほうが重いという現実を示しているのである。

協調すれば救われる

協同行動を説明する新しい試みとして、近年のゲーム理論の発展がある。とくに、ゲームにおける最適な戦略（行動パターン）を決定する「ナッシュ均衡（平衡）」の概念は重要である。アメリカ人の数学者ジョン・フォーブス・ナッシュは、このナッシュ均衡で一九九四年にノーベル経済学賞を受賞している。ラッセル・クロウ主演の映画『ビューティフル・マインド』は、彼の半生を描いた映画である。

ゲーム理論では、ゲームはプレイヤーの間で行なわれるが、各プレイヤーは自由に戦略を選択できる。ナッシュ均衡は、以下のように定義される。

「対戦相手の戦略が決まっている場合に、自分が戦略を変更してもより高い利益を得ることができない。このことがすべてのプレイヤーについて成り立つ」

ナッシュ均衡の性質は、有名な「囚人のジレンマ」ゲームを考えるとよく理解できる。このゲームはアメリカの司法取引の状況を模式している。まず、2人組の強盗が、強盗事件の容疑とは別件の軽犯罪（泥棒、盗品売買）で警察に捕まったとする。彼らは別々の部屋で強盗の尋問を受けるので、相棒が何を話すかわからない。ここで、被疑者には自白か黙秘かの2つの選択肢がある。

「自白」は相棒に対する裏切りで、「黙秘」は協力である。ここでは日本には存在しない司法取引が鍵になる。警察は2人の被疑者に以下のように持ちかけるのである。

「もし相手が黙秘し、おまえが自白して、相手を罪（重罪：刑期10年）に問えたなら、捜査協力ということで、おまえを無罪放免（刑期0年）にしよう。ただし、おまえも相手も自白したら、この限りではない。両者とも刑期8年にする」

ところが、両者が黙秘すると、もちろん強盗の罪に問えないので、刑期はせいぜい1年。これは、〈表3〉のような利得表（ペイオフ・マトリックス）で表すことができる。

ここで、囚人のジレンマゲームでのナッシュ均衡はどれになるだろうか？この場合、2人の強盗の条件は同じだ。相手の選択に対する自分の場合を考えれば、簡単にわかる。まず、相手が黙秘のときに自分は自白と黙秘の戦略のどちらがいいか。もちろん、黙秘、つまり協力すれば、2人とも1年の刑期となる。ところが、自分が自白して裏切れば、0年で無罪放免だ。だから、相手が黙秘のときは、自白がよりよい戦略なのだ。

では、相手が自白、つまり、裏切りのときはどうしたらよいだろうか。自分だけが黙秘すれば10年くらうが、相手同様、裏切って自白すれば、8年で済む。少なくとも2年短縮できる。だから、相手が自白を選んだときも、同様に自白を選ぶのがよりよい戦略だ。

自分＼相手	黙秘（協力）	自白（裏切り）
黙秘（協力）	1年	10年
自白（裏切り）	0年	8年

〈表3〉囚人のジレンマゲームの利得表（自分から見た刑期）。

そして、これは相手にとっても同じことがいえる。このことから、ナッシュ均衡は、「自白―自白」の組み合わせ、つまり、2人とも自白を選択する。相手がどのような戦略でも、自白すれば有利になるからだ。

しかし考えてみると、それでは2人とも8年も牢屋に入ってしまう。2人合計で16年だ。それに比べ、2人とも黙秘（協力）すれば、各々1年、合計たった2年で済む。1人が自白して0年でも黙秘したほうが10年くらうと合計10年だから、両方黙秘の方がはるかに有利だ。

ところが、これには落とし穴がある。つまり、2人とも黙秘なら、自分だけ自白（裏切り）に変えることにより無罪放免の0年に変えられるのである。そして結局、両者ともに同様の変更をしてしまう。このように、囚人のジレンマゲームは、非協力ゲームといわれるゲームの典型で、自分にだけよい戦略がいかにまずい戦略かを示す好例だ。

囚人のジレンマゲームのポイントは、非協力（利己）的行動に対して、協力行動がどのように進化しうるか、である。この問題は、「ウソつき」と「正直者」を考えるとよりはっきりする。つまり、ウソつきは、正直者から利益を取るが、ウソつき同士ではケンカして損をする。一方、正直者同士では利益を分け合う。お互い正直者で相手を裏切らなければ「黙秘×黙秘」となり1年でシャバに出られる。これは囚人のジレンマゲームのもうひとつの解釈である。

では、協力（協調・利他、つまり正直）の行動パターンは、非協力（非協調・利己、つまりウソつき）の集団の中で、はたして進化できるのだろうか？　この問題は、人間社会における協力行動の進化を探るゲーム理論の中心的課題である。囚人のジレンマゲームだけでなく、「タカ・ハト」ゲームなど様々なゲームにおいて協力行動の進化の可能性が問われてきた。次に述べる「ウソつきと正直者」のゲームは「タカ・ハト」ゲームの一種で、特に、タカ（ウソつき）同士のケンカのコストがとても高い（負になる）。逆に、ケンカのコストが低い場合には、タカが有利になり、ハト戦略、つまり「協調戦略」は進化しにくくなる。

ゲーム理論の中でも、ナッシュ均衡に次いで大きな発展が、生物学者のジョン・メイナード・スミスとジョージ・R・プライスによる進化ゲームによってもたらされた。進化ゲームというのは、利得表を元にしたゲームの得点により、各個体が繁殖して子供を残すという繰り返しゲームである。このゲームにおいて、2人は「進化的安定戦略（evolutionarily stable strategy：略してESS）」の概念を提唱して、進化における行動パターン（戦略）の最適性を論じた。ESSとは、以下のような戦略だ。

「個体群がある戦略Xをとっているとき、ほかの戦略の個体が侵入しようとしても侵入できずに排除されてしまうような場合、その戦略XをESSという」

ESSの概念を「ウソつきと正直者」のゲームで考えてみよう。正直者とウソつきが対戦すると、ウソつきは正直者からすべての利益をとるので10点、正直者は得点できないので0点。正直者同士は得点を分けるので5点ずつ。ところが、ウソつき同士はケンカしてしまい、マイナス5点となる。ここで、多くの対戦をしてから、各々の戦略は得点に応じて子供を残していく〈表

4〉。

では、「ウソつきと正直者」のゲームでは、どちらがより多くの子供を残すのだろうか？　このゲームでは、ウソつきと正直者各々の増減はあったとしても、常にトータルな人数は変わらないとして、どちらの行動パターンが増えるのかを考えている。

まず、全員が正直者からなる村落にウソつきが1人入るときを考えよう。正直者同士の対戦では、利益を分けるので各々5点ずつだが、ウソつきは、対戦相手がすべて正直者なので、倍の10点を得る。ウソつきは得点が倍なので、子供をより多く（たとえば2倍）作り、ウソつきは村の中に増えていく。もちろん、ウソつきが少ないうちは、ウソつき同士の出会いはめったにないので、ますます増加する。ウソつきがある割合まで増えると、ちょうどウソつきと正直者の得点が同じになる〈図5〉。その割合（P_{ESS}）がESSである。だから、正直者だけの集団にはESSはない。

今度は、逆にウソつきだけの集団に正直者が入るときを考えよう。ウソつきに正直者が騙されるので、0点で得点が低いように見える。ところが、ウソつき同士の対戦はマイナス5点で、さらに低い。そのため、相対的に正直者の得点（0点）の方が高い。だから、おかしなことであるが、正直者はウソつきの集団の中では子供をたくさん作ることができ増加する。このとき、正直者が増えて、先ほどの割合、つまりESSに行き着く。だから、ウソつきだ

自分＼相手	正直者	ウソつき
正直者	5点	0点
ウソつき	10点	－5点

〈表4〉ウソつきと正直者のゲームの利得表（自分から見た場合）。

けの集団にもＥＳＳはない。
ＥＳＳでは、これ以上ウソつきが増えるとウソつきは損をして子供が減り、同様に、正直者が増えてもやはり損をして、減ってしまう。だから、この割合のときには、正直者もウソつきも増えることも減ることもなくなる。このように、進化ゲームでは、長い目で見ると、より多く利益を獲得する連中が進化して、最終的にはＥＳＳに行き着くと考えている。

ところが、進化ゲームには、一般には成立しにくい前提がある。それは、この進化ゲームをする集団の人数はいつも変わらないと仮定していることだ。たとえば、ある村の村民の数を考えよう。この仮定では、どんな村も合計では毎世代同じ数の子供を作り、村人の数は決して変わらないというのだ。そして、「村の中で」、ウソつきが有利か、正直者が有利かを論じている。しかし、「ウソつき村は滅びない」という前提自体に誤りがある。ウソつきだけの村では、いがみ合いばかりで、助け合いはないはずだ。そうすると、実際には、村人の数は減って、しまいには絶滅してしまう。つまり、

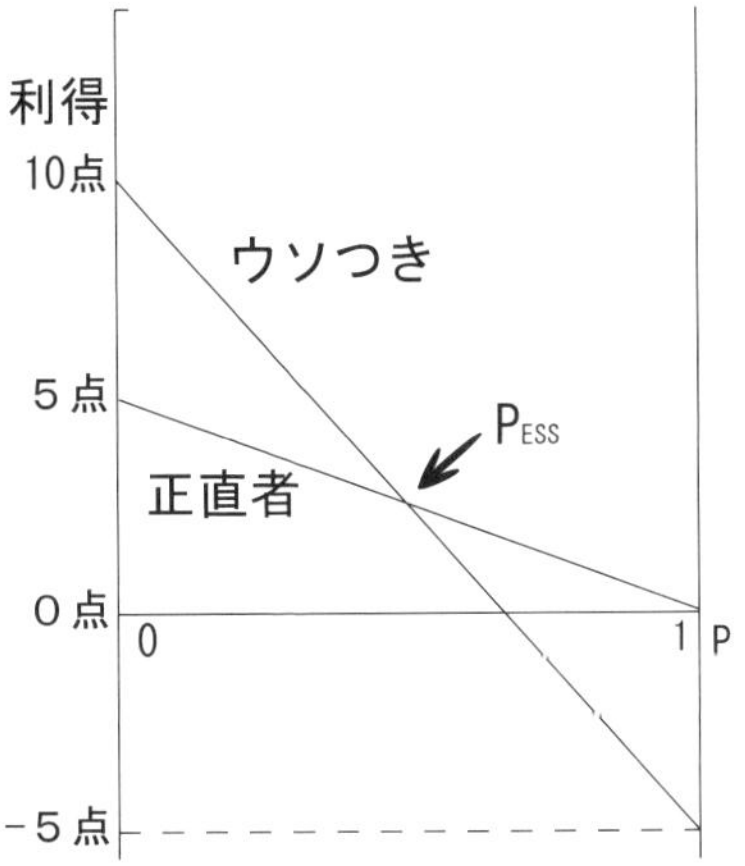

〈図５〉ウソつきと正直者のゲームにおける利得とナッシュ均衡（P_{ESS}）。横軸Ｐはウソつきの割合、縦軸は利得（適応度）。正直者が多い（$P<P_{ESS}$）と、ウソつきが得になり増える。また、ウソつきが多い（$P>P_{ESS}$）と、ウソつき同士は害を為して減る。P_{ESS}では、両者の利得が同じになり拮抗する。

ウソつき村は実際には存在しない。

このように、進化ゲームでは、村の中での戦略の相対的な有利不利から、村の中でどの戦略の割合（頻度）が増えるかを論じている。つまり、その村が繁栄するか、絶滅するかは、問うていない。

このような欠点はあるものの、ジョン・メイナード・スミスらによって進化生物学で開発された進化ゲームとＥＳＳの概念は、その後大発展を遂げた。まず、経済学へと逆輸入され、いまでは、心理学や社会学など社会科学全般に広く応用されている。

その後、協調戦略の進化の可能性を探るために、様々な戦略（行動パターン）が考案され、どのような戦略がＥＳＳとなるか、進化ゲームを用いて検証されてきた。その結果、純粋な協調戦略ではなく、「しっぺ返し戦略（TFT：Tit-For-Tat）」や「パブロフ戦略（Pavlov）」など相手の過去の戦略などによって戦略を変える条件的な戦略が有効なことがわかってきた。「しっぺ返し戦略」は、はじめは協調（囚人のジレンマゲームの場合には黙秘）でその後、相手の前回の手を繰り出すという戦略だ。「パブロフ戦略」は、しっぺ返しと同様、最初の一手は協調で、次からは得点が高いときには同じ戦略をキープし、得点が低いときには戦略を変えるという戦略で、「勝ったら留まり、負けたら変える戦略」とも言われている。「しっぺ返し」も「パブロフ」も協力（正直・利他）か、非協力（ウソつき・利己）かを問う問題である。

近年、さらに「雪の吹きだまりゲーム」など様々なゲームも発案され、協同行動を説明しようとしている。「雪の吹きだまりゲーム」は、雪の吹きだまりに道をふさがれてしまい通れなくなったときの状況で、雪を除去（協力）するか、傍観（非協力）するかである。もし、2人とも傍観すると通れないので困るが、相手が除去してくれれば、利益だけを得られるというゲームである。相手の出方で自分の最適な戦略が変化するので、ナッシュ均衡は存在しない。そのため、囚人のジレンマゲームよりは、協調の多い戦略が出やすい。

しかしながら、ゲーム理論の最適戦略からはまだ人間に見られる純粋な協同行動の説明は難しいのが現状である。

第三章　血縁選択と包括適応度

子供を作るより姉妹を助けた方が得

集団選択説を唱えたウィン＝エドワーズが著作を発表したのは一九六二年。そして、ジョージ・C・ウィリアムズが集団選択説の矛盾を示したのが六六年である。実はこの4年の間に、イギリス人のある大学院生が画期的な発見を成し遂げていた。ウィリアム・D・ハミルトンの「血縁選択（kin selection）」と「包括適応度（inclusive fitness）」という概念だ。彼は、一九六四年に「The genetical evolution of social behaviour：I, II（社会行動の遺伝学的進化1、2）」という論文を理論生物学の一流誌『Journal of Theoretical Biology』に発表した。厳密に言えば、「血縁選択」という言葉はゲーム理論（第二章参照）で知られる生物学者のジョン・メイナード・スミスがハミルトンの研究を紹介する際に使った言葉であり、ハミルトン自身が最初に用いたわけではない。しかしいずれにしろ、ダーウィンの進化論以来、最も重要な発見のひとつであることは疑いようもない。「血縁選択」と「包括適応度」こそ、ダーウィンを大いに悩ませ、１００年以上も謎とされてきた生物の利他行動という難問を解決する突破口となったのである。

ハミルトンが目を付けたのはアリやハチだった。これらの昆虫は「社会性昆虫」と呼ばれ、集団生活と分業化という他の昆虫とは大きく異なる特徴を持っている。現在、地球に１万種以上いるアリの場合は、巣作りをしたり、エサを運んだり、他の個体の子供の世話をしたりする「ワーカー（worker）」と呼ばれる働きアリがいる。種類によっては１００％分業体制を敷くものもあるが、そうでない種もいる。働きアリは繁殖が可能であるにもかかわらず、自分の子供を作ることはない。また、ミツバチのコロニー（巣から成る集団）は１匹の女王バチと数万の働きバチから成り、メスは幼虫時の生育環境によって女王バチか働きバチかに分かれる。この働きバチも自分の子孫は残さずに、女王バチが産んだ子供の世話をする。

自然選択および個体選択理論にしたがって、どれだけ多く自分の子孫を残せるかが重要だとすると、自らも繁殖できるのにあえて子供を作らず、他の個体の子供を育てる行為は、利他行動の中でもとりわけコストが高いはずである。それなのに、なぜ働きアリや働きバチは自らの子孫のために行動しないのか？　この矛盾は長い間、進化論における大きな謎だった。手がかりはアリやハチの生態と半倍数性（単数倍数性）という特殊な遺伝システムにあった。

アリを例にとると、多くの場合、１匹の女王アリが産んだ子供でコロニーを形成して暮らす。アリの交尾の時期は地域や種類によって異なる。春または秋に巣から飛び立った女王アリとオスアリが交尾をすると、交尾で得た一生分のオスの精子は女王アリの貯精嚢という器官に蓄えられて、オスはほどなく死に、女王アリだけが生き残る。その後、女王アリは地上で翅《はね》を落として巣穴を作り、産卵を始める。このときから繁殖期までに生まれる子供はすべてメスで、ほとんどが

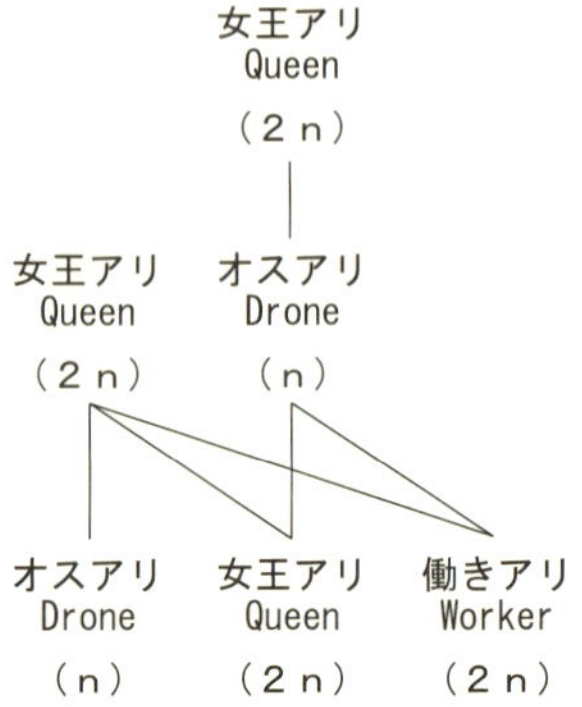

〈図6〉アリやハチに見られる半倍数性の遺伝システム。働きアリは、父親（オスアリ）が同一遺伝子で、母親（女王アリ）が$\frac{1}{2}$の確率で同じになるので、遺伝的には平均$\frac{3}{4}$が同じになる。平均$\frac{1}{2}$の子供より血が濃いので、兄弟姉妹を育てるほうが得になる。

働きアリだ。やがて繁殖期が近づくと、女王アリはようやくオスアリを産み始める。メスが女王になれるかどうかは栄養状態やフェロモンなどの後天的な状況によるのに対して、このときに生まれるオスはすべて翅のある繁殖個体で、他の有性生殖と比べると極めて異色である。

　その一方で、アリは「半倍数性」という特殊な遺伝のしくみを持っている〈図6〉。人間の遺伝子は23対《つい》46本の染色体から構成されている。人間も含めて、通常、多くの生物の染色体はオスもメスも等しく2本で1セットとなっており、この仕組みを「倍数性」という。かたやアリやハチでは、メスは2本で1セットの染色体を持つが、オスは1本ずつ（単数）しか持たない。これを「半倍数性」という。

　働きアリと女王アリの染色体は倍数体である。オスは繁殖個体のみで染色体は半数体（単数体）だ。こうした事実に大きな意味があるとハミルトンは考えた。アリの複雑な生態に遺伝的な理由があるとにらんだ結果、ハミルトンが発見した答えが「血縁度の高い相手に対しては利他行動をする」という「血縁選択理論」だった。平たくいえば、血の濃さを考えると、自分自身が子供を作るよりも姉妹を助けるほうが得、という理論だ。

	娘	息子	母	父	姉妹	兄弟	甥・姪
メス	1/2	1/2	1/2	1/2	3/4	1/4	3/8
オス	1	0	1	0	1/2	1/2	1/4

〈表7〉半倍数性生物の血縁度（オス・メスから見た場合）。

血縁度（近縁度ともいう。特に植物でよく使われる）とはどの程度遺伝子が同じかという指標のこと〈表7〉。「倍数性」の人間の場合、子供は父と母からそれぞれ半分ずつ遺伝子を受け継ぐので、父または母と子供の血縁度は1/2。兄弟姉妹間ではどうなるかというと、父親由来の遺伝子を共有する確率は［1/2（遺伝子の半分が父親由来）×1/2（父親由来の遺伝子が兄弟姉妹間で一致する確率）］＝1/4。同様に母親の遺伝子についても［1/2×1/2］＝1/4。そして、兄弟姉妹間で遺伝子全体が同じになる確率は［1/4＋1/4］＝1/2となり、親子と兄弟の血縁度は等しい。ただし、兄弟の場合は、実際の血縁度は0から1までで、その平均値が1/2。一卵性双生児の場合、血縁度は1となる。まず起らないが血縁度が0となる確率も兄弟にはある。ところが、親子の場合はぴったり1/2である。

ところが、「半倍数性」のアリでは、オスは未受精卵から生まれるため、父親由来の遺伝子を持たない。したがって、オスからみた父親、母親の血縁度はそれぞれ0と1だ。また、メスは倍数体なので父、母と血縁度は人間同様それぞれ1/2になる。

さらに兄弟姉妹も考えてみよう。オス同士の兄弟は、2対あるうちのどちらかひとつを母親から受け継ぐために血縁度は1/2となる。メス同士の姉妹では、半分が母親由来の遺伝子で、それが等しくなる確率は1/2。だから、母親由来の遺伝子の血縁度は［$\frac{1}{2}$×$\frac{1}{2}$］＝$\frac{1}{4}$。父親由来の遺伝子は半分を占めるが、それはまったく同じなので血縁度は［$\frac{1}{2}$×1］＝$\frac{1}{2}$。両方を合計すると、結局、姉妹の遺伝子全体の血縁度は$\frac{3}{4}$ということになる。すなわち、「半倍数性」のアリでは、メスの働きアリは「血縁度$\frac{1}{2}$の自分の子供（メス）」を産んで育てるよりも、「血縁度$\frac{3}{4}$の姉妹」の世話をしたほうが自分と同じ遺伝子をより多く残せるわけである。

血縁選択が正しいとすれば、他にも、メスの働きアリが弟よりも妹を育てたり、母親がオスを産むことを娘が妨害したりすることが予想されるが、実際のアリの生態は血縁度から導かれる関係と驚くほど合致しており、利他行動をはじめとする生物の進化が血縁度、すなわち遺伝子の配分を含めた適応度で見事に説明できている。

この新たな考え方に基づく適応度をハミルトンは「包括適応度（inclusive fitness）」と呼んだ。「inclusive」という英単語は「もろもろひっくるめた」という意味。この場合、自分の子孫をどれだけ残せるかではなく、自分と同じ遺伝子を持つ個体をどれだけ残せるかが重要なのである。

ただし、血縁選択が正しいといっても、近親交配の問題があるために、多くの生物には血縁度があまり高くならないように分散する傾向がある。血縁度が低い場合は、包括適応度は重要ではなく、従来の平均産仔数の適応度で十分だ。ダーウィン以来の画期的な大発見といっても、「包括適応度」はあくまで平均適応度の概念の拡張であり、以後、進化論の研究は適応度の概念をいかに拡張するかという方向で発展を遂げることになった。

ハミルトンの血縁選択はなにも、アリ・ハチに限っていない。人間を含む2倍体の生物にも適用できる。人間の家族の血縁度を考えてみよう。人間の家族の行動を血縁度から説明することが社会科学ではしばしば行なわれているが、実際には科学的な検証が今のところほとんど存在していない。実際に検証することも非常に難しい。しかし、論理的には、血縁選択の理論から類推して解釈することは可能かもしれない。まず、親子では、血縁度は1/2だ。兄弟姉妹でもおなじ1/2だ。孫になると1/4になる。いとこ同士では、さらにその半分の1/8になる。このように、人間の家族の協力関係も血縁選択が働くベースがある。実は、多くの生物において、血縁選択が働いている可能性を排除できない。そして、血縁選択はアリ・ハチで説明したように、血縁個体間に協同行動を引き起こす可能性をいつも秘めている。

エスキモーの子育て

血縁選択では説明できない利他行動に人間社会の「協同行動」がある。日常のささいな物の貸し借りや手伝いなど、命に関わるほどの重大な問題でなければ、人間は食べ物を分けあったり、病人や怪我人の面倒を見たりなど、小さな助け合いを積み重ねながら生きている。「情けは人のためならず」ということわざが示すとおり、他人を助ければいつか自分に見返りがある。まさにお互い様というわけだ。したがって、長く一緒にいる個体間ほど協同行動は成立しやすい。こうした利他行動は血縁とは関係なく日常的に行われ、包括適応度では説明が難しい。

私がアメリカのニューヨーク州シラキュースに留学していた一九八〇年代後半に聞いた話があ

る。研究室に博士号を取得しに来た人の奥さんがエスキモーだった。子供交換の習慣の話が研究室で話題になり、本人も赤ちゃんを交換して育てていると言っていた。私もこの「赤ちゃん交換」の話を学生時代に何かで読んで知っていたので、改めて調べ直してみたが、結局、その話を見つけることはできなかった。しかし、もしこの話が事実だとすると、以下のような解釈が可能かもしれない。

アラスカやカナダで狩猟生活をしているエスキモーは極寒という極限環境に暮らしている。そこでは赤ちゃんを夫婦間で交換し、自分の遺伝子を引き継ぐ我が子を自分で育てない。親が自らの子供を育てるのは生物として当然であり自然な行為だ。その当たり前の行動を歪める習慣がなぜ定着したのだろうか。

答えは協同行動の徹底である。お互いが他人の子供を育てるとき、自分が預かっている子供を虐げれば、自分が預けている子供が危険な目に合う。逆に、預かっている子供を大切にすれば、預けている子供も大事に扱われる。結果、人々の絆は強くなり、日常生活における協同行動は強化される。

彼らがこれほど強力に協同を推し進める理由は、それを徹底しないと厳しい環境の中で集落全体が絶滅してしまうからだ。個々人がばらばらに適応度の最大化を追求すれば、たちまち存亡の危機に直面する。何かあったときには自分の子孫を第一に考えたくなるのは生物として当たり前だが、自分の子供だけ可愛がっていては生き残ることはできない。生物としてごく自然な行為を、あえてねじ曲げるためにこのような不自然な習慣が定着したと想像できる。

血縁選択か集団レベル選択か

実は、エスキモーにみられるような協同行動が、どのように進化するかは未だに解明されておらず、進化論における大きな謎のひとつとされている。ここでは包括適応度や血縁選択では説明できない場合として紹介したが、協同を昇華させたエスキモーの習慣は包括適応度と無関係とは言い切れないところもないとは言えない。古くて小さな集落では、人々の血縁度は高い。血縁度が高ければ、包括適応度を最適化しようとする血縁選択による習慣という説明も成り立つからだ。

近代的な交通機関が発達する以前、人間はごく小さな集落単位で生活していた。50キロも離れれば集落間の交流がないような状況は当たり前。そういう集落では当然、血縁度が高くなるわけで、昔の小さな集落における習慣（行動）は血縁選択の結果、進化したとしても不思議ではない。ただし、そうならば、子供を交換しなくても血縁度は高いのだから協同行動はおのずと強いはずである。わざわざ子供を交換する理由が、血縁選択の末の進化だとすると納得できない。

また、別の見方をすれば、エスキモーの協同行動は「集団レベル選択」といえる。集団選択・個体選択の説明で、集団レベル選択が非常に起こりにくいのは、個体が集団のために支払うコストに比べて、個体の利益があまりにも低いからだと述べた。裏返せば、費用対効果が十分に高い場合は集団レベル選択が起こりうる。

要は、集団レベル選択が働くか否かはまとまりの問題だといえる。この点に注目し、「ある集団が分散する前に選択がかかるならば集団（レベル）選択は効率的に起こりえる」として、集団（レベル）選択を再評価した生物学者が前述のウィルソンである。ウィルソンの学説は、ウィン＝エドワーズの矛盾を突いたジョージ・C・ウィリアムズの一九九二年の著書『Natural Selection（自然選択）』でも取り上げられ、現在は一定の評価を得ている。

ウィルソンや生物哲学者のエリオット・ソーバーらは「形質群選択」を体系化して、「マルチレベル淘汰理論」と呼んでいる。というのは、エスキモーの村のように、集団レベル選択は分散前の小繁殖集団で効率的に働く。形質群選択の説明では、小繁殖集団は、親のペアやその子供たちであり、少数の近親者の集まりである。小繁殖集団が利他遺伝子を共有すると形質群を形成するるので、協力者同士の形質群選択が働くことになる。つまり、簡単に考えると、正直者同士だけが集まって協力することにより、利益を分配するのだ。ところが、この形質群は血縁グループであるので、血縁選択が同時に働いていることにもなる。このように、多くの生物において、集団レベル選択（形質群選択）は血縁選択と同時に働く可能性が高く、その区別は難しい。実際の自然の生物集団ではこの2つは混在していると思われる。

操作される行動

他者に利益を成すという点で利他行動と表面的には似ているが、全く異質な行動に、操作による行動がある。ハリガネムシは、カマキリの寄生虫であるが、自分が繁殖などで水辺に行きたくなると水の嫌いなカマキリを動かして水辺へ向かう。ガの幼虫（イモムシ）を中間宿主としている寄生虫には、最終宿主の鳥に寄生するために、幼虫を飛び出た枝の先の葉の先端へと動かし、鳥が食べやすくなるようにするものがいる。カタツムリの寄生虫には、目に寄生して、その目を鳥に食わせて宿主を移るものもいる。このように、操作は自然界でも頻繁に見られる。

人間社会での操作はもっと広く、根深いといえるかもしれない。戦前戦中の日本では「お国のために」と、滅私奉公が信奉されていた。特に戦争末期には、特攻隊員をはじめ多くの若者が命を落とした。これは、まさに、溺れる子供を助けるために自己犠牲をする究極の操作である。

この他にも、人間社会における操作は少なくない。新興宗教の布教活動や訪問販売、あやしげな即売会などでは、数時間にわたって、同じ内容を繰り返されるので、よほど抵抗する意識がないと飲み込まれてしまう。

米国に住んでいるとき、家族でリゾート所有権の即売会に景品につられて行ったら、山の中の建物の一室で数時間にわたり執拗に説明を受けた。その間、何度も契約するかと聞かれたが、「NO！」と返事をし続けたら、販売員は「買う気が本当にあるのか」と聞くので、「今回はどんな施設か情報収集に来た」と言ったところ、時間の無駄だと追い出された。景品は安物で捨てたが、どうも他の家族は密室での洗脳で契約したようである。

操作による行動は表面的には利他行動に見えるが本質的に異なるので、峻別する必要がある。

第四章　履歴効果

三つ子の魂百まで

　適応進化だけでは説明できないケースが「履歴効果（historical effect, hysteresis：ヒステリシス）」である。ヒステリシスは、そもそも物理学でよく使われる英語。生物の世界では、「過去の状況に引きずられる」といった程度の意味でも使われる。当たり前ではあるが、「絶滅」は一旦起ると後戻りできないので、履歴効果を必ず持つ。

　ちなみに、履歴効果は「協同」と「操作」という前の２例とはやや意味が異なり、生物の行動を扱う概念ではなく、生物進化に対する制約条件である。例えば、外骨格を持っている昆虫からは内骨格の哺乳類に進化できないように、生物進化は祖先の生物種からしか進化できない。私が仮説を提出した素数ゼミ（17年または13年の素数周期で大発生する米国のセミ。学問上では周期ゼミというのが正しい）の進化においても、まず、かつてどのようなセミがいたかを考える。つまり、何もないところからは進化できない。生物進化の最適性を考えるとき、この歴史の制約が重要な意味を持つのだ。

さてここで、利他行動の冒頭で引き合いに出した例を振り返ってみよう。それは「自分の命を危険にさらしてまで、川で溺れている子供を助ける」というものだった（第二章参照）。これまでの説明によれば、もし江戸時代の田舎のように極端に狭い社会の中で起こったことならば、お互い様の「協同行動」の拡大か、あるいは血が濃いゆえの「血縁選択」があてはまったかもしれない。

だが、過去の社会において、村落が血縁で構成されていたり、エスキモーのように運命共同体であったなら、そのときには、「溺れる子供を助ける」行動は適応的であったと推測できる。そして、そのような行動が進化的に定着していたとすると、今でも、そうした行動がとられてもおかしくない。つまり、現在の条件では最適ではないが過去に最適であったので、人々は子供を助けに川にとびこんでいるのかもしれない。人間をはじめ、生物は、自分の身を振り返れば分かるように、すぐには変われない一面もあるのだ。

インカの王に数千の妻

インカ帝国の婚姻制度は、このような履歴効果のなれの果てだったといえるだろう。滅亡前のインカは巨大な帝国だったが、婚姻制度は一夫多妻で、権力者や金持ちはたくさんの妻を抱えており、貧乏人の男性は1人の妻も持てなかった。町の市長や警察署長は何人、地方の長官は何十人など、妻の数は権力や豊かさに比例していた。そして、王様にいたっては、数千人の妻を抱えていたという。毎日1人を相手にしたとしても全ての妻とセックスをするのに数年から十数年かかりかねない。その結果、王族の子孫もたくさんできたのである。

では、なぜこのような一夫多妻ができてしまったかというと、履歴効果にほかならない。つまり、帝国が隆盛を極める以前、それは小さな村落を単位とした集団だった。村落では、有力者（同時に金持ち）はせいぜい2、3人の妻を娶っていたと想定できる。とくに、権力の頂点に立つ村長（集落長）がもっともたくさん（4、5人）の妻を抱えていた。つまり、嫁をもらえない貧乏人、嫁を1人もらう普通の人、多妻の村長や金持ちなど、せいぜい3つから4つの階層しかなかった。

やがて、村落は大きく成長していった。そして、この一夫多妻の村落が大きく発展して巨大な国家にまで拡大した。そうなると、インカの権力構造はその頂点に王様をいただく、より大きな多層の階層をもつようになったのである。その階層が何十にもなり、上の階層に行くほど、権力の誇示のために、妻をたくさん持つということになった。

そこには、2つの履歴効果がある。ひとつは、村落が大きくなっても、権力者が多妻になる婚姻制度を変更できないというもの。もうひとつは、その背景にある隠れた理由だ。小さな村落では、権力者が妻を数名もつことはいつの時代でも起こる。「英雄色を好む」だ。ところが、その権力を誇示するためには、妻をたくさんもつ必要性ができてしまったのである。つまり、「妻の数＝権力の象徴」としての意味を持ってしまったので、妻が少ないとその人は権力がないとみなされてしまうのである。だからこそ、大きな権力を示すためには、たくさんの妻が必要となった。

アフリカのある地域では今でも、村長は数名、部族長はさらに多く、地域の豪族はもっと多くと、妻を持つことが行なわれているという。

以前、アメリカのボストンで起きた一夫多妻にまつわるニュースを新聞で読んだことがある。ボストンに留学していたアフリカ出身の黒人青年とボストン在住の白人女性が愛し合い、教会で結婚式を挙げた。結婚後、白人女性はこの男性とアフリカにある彼の故郷を訪れた。そこで、白人女性は驚く。なんと、この男性には妻がすでに何人もいたのである。つまり、彼女は5、6人目の妻だったのだ。実は彼、部族長の息子で地域の有力者だったのである。だからこそ、すでに妻が何人もいて、かつ留学もできたのだ。

怒った女性はボストンに戻り、莫大な慰謝料を請求すべく、離婚訴訟を起こした。ところが、ボストンの裁判所は、この女性の訴訟を審理することなく棄却した。理由は、「アメリカの法律には、一夫多妻は存在しない。よって重婚は認めていない」。そのため、そもそもこの黒人と白人の婚姻そのものが法律的には存在していなかったのである。法律的に存在していない婚姻では、離婚はできない。この裁判所による門前払いも、法律で重婚を否定しているので、実際に重婚してもその存在を認めないという履歴効果といえる。

昆虫が小さい理由

もうひとつ履歴効果の例を上げよう。

陸上動物の中で最も繁栄している昆虫はなぜ小さいものばかりなのか。昆虫は今知られている種の半分以上を占め、未記載のものも含めると、何百万、何千万種にのぼるといわれている。これだけ種類が多いなら、大型の脊椎動物が進化したように、少しくらいはもっと大きな昆虫がいてもよさそうなものである。だが、1メートルを超えるトンボやチョウ、カブトムシ、アリなどを見かけることは決してない。

昆虫が大型化できない理由は体の構造にある。ひとつは体全体を覆う外骨格だ。ある程度以上に昆虫の体が大きくなると、外骨格では体を支えきれなくなってしまうことに加え（体長が倍になると体重は8倍にもなる）、大型化すれば脱皮のコストが高くなる。さらに、体の内部構造も関係する。昆虫には食道下神経球の間に神経節が通っており、大型化するために神経をまとめようとすると、逆に食道が小さくなってしまい、神経を統合しつつ体を大型化するのは困難だ。また、昆虫には肺がなく、体全体に気管を巡らせて細胞が直接呼吸をしているので、大型になると呼吸効率が悪くなるとともに体の構造も複雑になるだろう。このように昆虫は、外骨格、神経構造、呼吸システムなどの体の構造上の制約があるため、大型化することはできないといわれている。

では、ちなみに古生代石炭紀のメガネウラ（巨大なトンボ）は、翅の開張が70センチにも達するほどなぜ巨大化できたのか？　これは、酸素濃度の違いといわれている。古生代末期の酸素濃度は30～35％で、現在の21％よりずいぶん高かった。だから、呼吸効率は酸素濃度に比例して高かったのである。それゆえに巨大化が可能であったのだろう。今は酸素濃度が低いので、必然的に昆虫の大きさは制限されていると思われる。

ユキヒメドリの実験

ニューヨーク州立大学アルバニー校の行動生態学者トム・キャラコはユキヒメドリの採餌行動で、おもしろい履歴効果を見つけた。

ユキヒメドリはホオジロの仲間の北米大陸に生息する体長15センチほどの野鳥で、アメリカ北部では冬鳥である。ユキヒメドリがエサを採れる場所（採餌場所）が2カ所近くに並んでいたとする。外敵（捕食者）を警戒するため、ある程度の時間は頭を上げて回りを見回す必要がある。そのため、見回す時間が長いほど、採餌効率は落ちてしまう。あるエサ場にはじめ1羽入ると長時間警戒するので、エサを採る時間はほとんどなくなる。ところが、数羽集まると警戒時間を共有できるので各々の警戒時間は分け合える。つまり、2羽集まれば1/2、5羽で1/5になるのである。たとえば、各々5羽入ると、その採餌場所は採餌効率が最適（最大）になるとしよう。そこに最初の1羽目がエサ場にやって来ると、どちらか一方に入る。これはランダムである。

エサ場1に1羽目が入ったとしよう。1羽でエサを採るときは、外敵を警戒しながらついばむために、エサを食べる時間は短くなってしまう。次に、また1羽やってくると、2羽で外敵を警戒するほうが有利なので、この2羽目は1羽目と同じエサ場1に入る。ちゃんと5羽分のエサがあるので分け前が減ることもない〈図8上〉。

そうやって3、4、5羽と1羽ずつ続くと、5羽目までは同じエサ場に入るのは道理である。

ところが、6羽目も、エサの分け前は減るものの、新しいエサ場で単独でついばむよりは条件がよいので、同じエサ場1に入ってしまう。次の1羽も、やはり、単独よりもいいので、6羽でたて込んでいるエサ場に入る。8羽目も、9羽目も、やはり単独では警戒するコストが高い（時間が長くなる）ので、エサ場1へ入ってしまう。エサ場1はもう大混雑だ。

そして、10羽目が来たときはどうなるだろうか？　エサ場1がすでに9羽いるので魅力がなくなり、エサ場2で単独のほうがよくなってしまう。このとき、はじめてエサ場2に1羽入る。そうすると、とたんに、エサ場2の2羽目になることが魅力的になる。そこで、エサ場1からすばやい鳥が移動する。さらにエサ場2の3羽目も得である。次々と鳥が移動して、最後には均等、つまり5羽になるまで移動してしまう。混んでいるエサ場のユキヒメドリが一気に2つに分かれるのである。

ここでは、はじめ5羽までエサ場1に入るのはいいが、その後は、各エサ場に3羽ずつとか、4羽ずつ入るほうが、全員にとって得になることがある。ところが、順番に入るために、2つに分かれて入るという道筋がないのである。このように、1羽ずつ増えていくと、最適な配分から大きくくずれてしまうことがある。

面白いことに、エサ場から数が減っていくときも同じように、エサ場の鳥の数に偏りが起こる〈図8下〉。両方に7羽ずついたユキヒメドリがランダムに1羽ずつ飛び去る場合、最初のうちは両方から並行して6、5羽と減っていく。問題は両方のエサ場の個体数が4羽ずつになったときである。とたんに、1羽がとなりのエサ場の空きに気がついて移ることがある。そうすると、エ

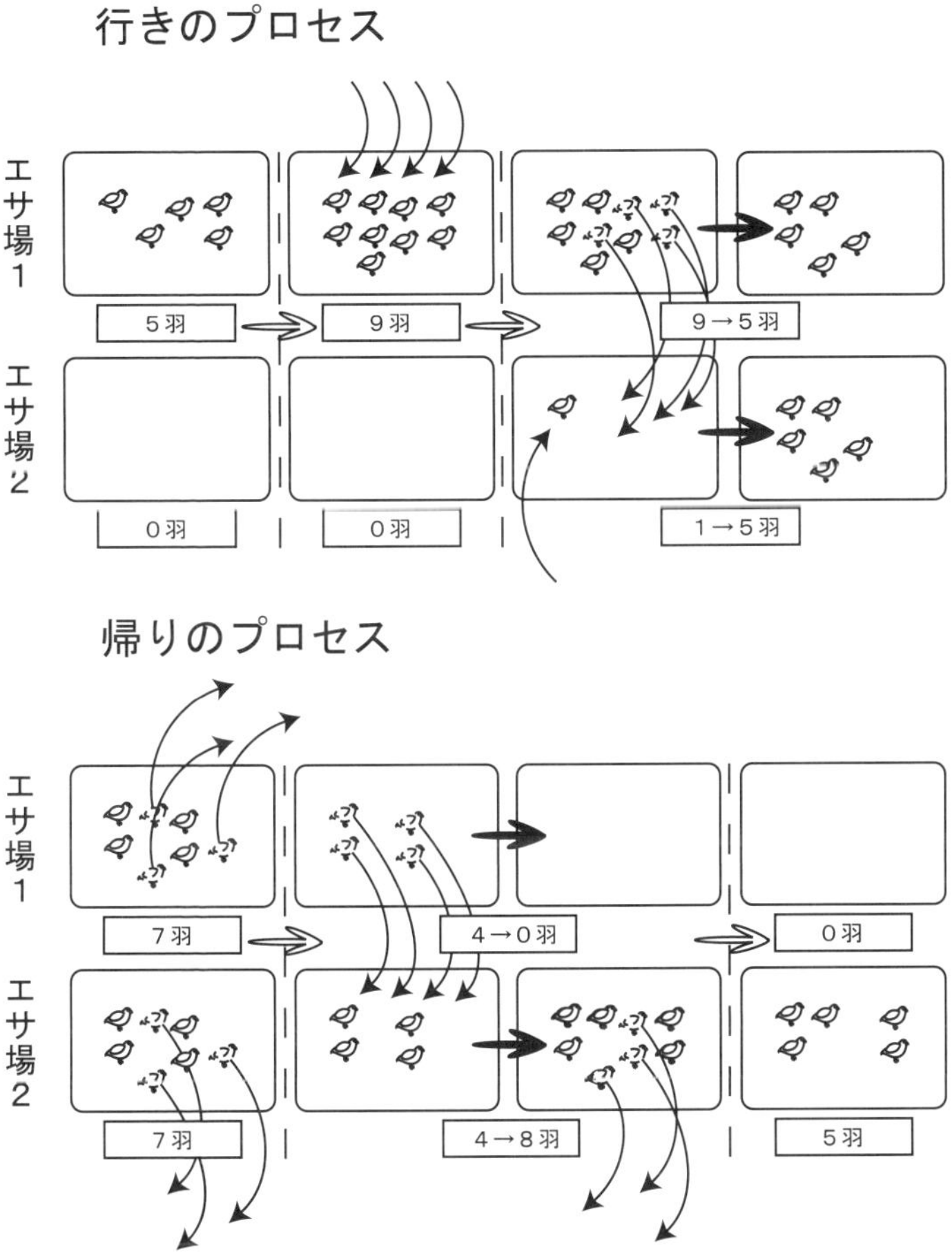

〈図8〉フキヒメドリの履歴効果の模式図。2つのエサ場の鳥の数は5羽ずつのときに最適な採餌になる。「行き（鳥が入ってくる）」の場合と「帰り（出て行く）」の場合でプロセスが異なる。

サ場の数は、5羽と3羽になる。3羽のエサ場の鳥にとって、となりの6羽目になるほうがよい。そうすると、また、1羽移って、6羽と2羽である。2羽の見回り警戒コストは高いので、さらに1羽移って7羽と1羽、もちろん、1羽は最悪なので、ついに8羽がひとつに集まってしまう。結局、本来4羽ずつのほうがよいのに、8羽全部がひとつに集まる。このように、増えるときと減るときでは行動パターンが異なる。まるで水と氷の相転移のように、初期値が異なれば履歴効果が起きるケースもあるのだ。

つまり、ユキヒメドリの履歴効果では、増えるときも減るときも最適な分配にはならない。

生物の社会行動には非常に多くの履歴効果が関係していると私は考えている。「三つ子の魂百まで」という言葉があるように、とりわけ人間の行動においては、知らず知らずのうちに、まさにこの一語で生涯の多くのことが決まっているにちがいない。私たちは先祖からの、または、生まれてからの履歴効果をふんだんに継承している。生物の進化は常に過去に縛られているのだ。

第五章　遺伝子の進化と表現型の進化

木村資生の大発見

自然選択の中心的概念は、自然選択における包括適応度の最大化、つまり、どれだけ自分の形質や遺伝子を持つ子孫を残せるかということだった。

このとき、自然選択が直接に作用するのは、遺伝子ではなく、基本的に個体が実際に備えている性質・形質や行動に対してである。この性質・形質や行動を「表現型」といい、遺伝を担う「遺伝子型」（遺伝子の基本構成）」と対になっている。表現型は、性質にしろ行動にしろ、その生物が実際にどうやって生きるかを決める。では、表現型はどのようにして決まるかというと、これは、遺伝子型と個体の過ごしてきた環境の関係によって決まるのである。

一方、実際に親から子へと伝わり、進化という現象の橋渡しをするのは「表現型」ではなく「遺伝子型」である。さらに言えば、その原動力が突然変異、すなわち、遺伝子が複製されるときのエラーであることを私たちはすでに知っている。

遺伝子の突然変異が形質に変化をもたらし、その形質が自然選択を受けて、より多く生き残った形質の遺伝子を持つ個体が増えてゆく。これが遺伝子まで含めた進化のプロセスである。ダーウィンは変異と遺伝の関係までは解明できなかった。それは彼の時代にはまだ遺伝のメカニズムがほとんどわかっていなかったからだ。当時はまだ染色体すら発見されていなかった。

20世紀以降、メンデルの遺伝の法則の再発見をはじめ、遺伝学と分子レベルでの生物学が発展し、生物の遺伝的メカニズムが明らかになるにつれて遺伝学と進化論は融合を遂げる。その結果、遺伝子の突然変異が進化の発端となり、その表現型が自然選択を受けるという「総合学説」が生まれ、進化論の定説となった。

では、進化の発端となる遺伝子の突然変異はどのように起こっているのだろうか。突然変異の研究が進むなかで、一九六八年に日本人の研究者が、ワトソン&クリックのDNAの二重らせん構造の発見や、ハミルトンの包括適応度と並ぶ大発見をなしえた。木村資生《もとお》〈写真9〉の「中立説」である。

中立説とは、手短に言うと、「遺伝子のDNA（塩基）配列上の突然変異（置換）は、一定の確率でランダムに起こる」というものである。一九六〇年代に入ると、遺伝子の突然変異の頻度を測定できるようになり、予想以上の速さでDNAの塩基配列が置き換わっていることを木村は発見した。そのスピードの速さから、個体の生き残りにとってよくも悪くもない中立的な突然変異が非常にたくさん起こっていると考え、木村は数学的に示すことに成功したのである。

この中立説は、当初、自然選択説から独立したDNAレベルのまったく新しい進化論としてダーウィン派の学者たちから強烈な反論を浴びた。彼らは分子レベルでも自然選択が働くと信じて

〈写真９〉木村資生の「中立説」は世界で論争を巻き起こした（写真：新潮社写真部）。

いたのである。しかし、中立説は遺伝子のDNA配列の置換がランダムに起こるという事実を提示しただけで、自然選択そのものを否定したわけではない。ただ、生物の進化にとっては偶然がとても多く、その多くが自然選択に中立な突然変異である、と言っただけである。

中立説が自然選択を否定しないことは、遺伝子の研究が進むにつれて明白になった。個体の生存にとって重要なDNAやタンパク質はほとんど変わらないのに対し、その他のあまり大事でないところはめまぐるしくランダムに変わることがわかったのだ。DNA全体に自然選択が働いているとすれば、こんなことはありえない。もっとしっかりとした方向性があるはずである。介在配列（DNAの酵素に翻訳されない部分）など選択のかからない場所はどんどん変化しているのである。

現在では中立説が自然選択説を補完するものであることが明らかになっている。1人の日本人が生物学の歴史の1ページを開いたのである。中立説の発表からほぼ四半世紀後の一九九四年、木村資生は静岡県三島市の自宅廊下で転倒し、70歳でこの世を去った。

進化はどう進むか

突然変異と自然選択にはどのような関係が見いだせるのか。進化に際しての両者の関係は大変に興味深い問題である。

蛾の工業暗化の例（第一章参照）でみたように、自然選択は基本的に環境の変化にともなって思ったより早く起こる。自然選択を実験的に明らかにした例は少ないとはいえ、まったくないわけではない。進化生物学者のジョナサン・B・ロソスらがカリブ海のバハマ諸島においてアノールトカゲで行った実験では、トカゲの足の長さが1世代というごく短い期間でも選択を受けることを発見している。また、ダーウィンの『種の起源』で有名なガラパゴス諸島に生息するダーウィン・フィンチのくちばしの形についても、プリンストン大学のグラント夫妻が40年近くにわたり研究を続け、数年間という短いスパンで旱魃や豪雨による自然選択が起こり、種の分化や融合が起こりかねないということがわかっている。

このように短期間で自然選択が起こるとすると、氷河期と間氷期の変わり目のように、環境が大きく変化するときには自然選択が強く作用することになる。と同時に、生物の進化も促進される。一方、遺伝子配列（DNAの塩基配列）の方は自然選択と関係なく突然変異がランダムに起こるために、環境が安定している間にも中立的な突然変異が続き、塩基配列の多様性は蓄積されることになる。

この自然選択と突然変異と環境変化の関係を、時間を横軸として、環境の変化、自然選択作用、遺伝子の多様性、さらに種数などについてまとめると――これはあくまでも私の地質年代の歴史観であり、証明された学説ではないのだが――〈図10〉のようになる。

私の地質年代における進化のビジョンを説明しよう。

地質時間を環境変動期の前の安定期（シーン0）から環境変動中（シーン1）、そして、その直後（シーン2）から、その後しばらくの間（シーン3）、そしてその後（シーン4または0）までの環境の長期安定期とに分けて考えよう。

まず、環境の安定期（シーン0）には、自然選択は微弱で、表現型の変化はほとんどない。また、環境も安定しているので、種数の変化もあまり起こらない。しかしながら、中立突然変異により、遺伝子の多様性はゆっくりとだが、着実に増加する。そして、長期的に遺伝子の多様性は非常に高くなり、新しい表現型への可能性を開くことになるのである。

このように環境の安定期には、遺伝子の中の塩基配列の多様性はどんどん高くなる。自然選択は確かに働いているが、壊れた遺伝子のような有害遺伝子を排除するという安定化選択が働いているだけである。

地球環境が急変し始めると（シーン1）、自然選択は急激に変化していく。それに伴い大絶滅を

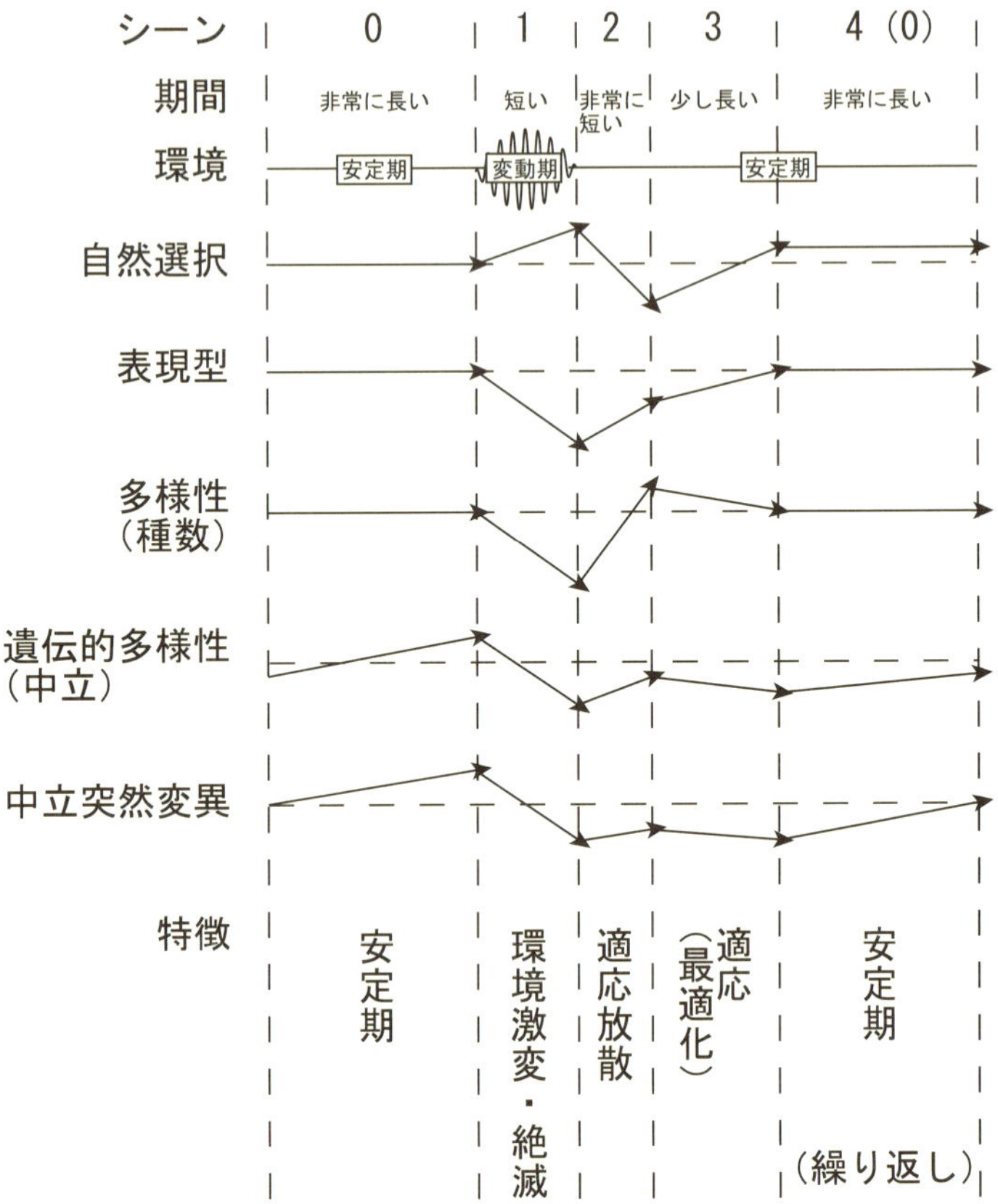

〈図10〉私が考えた地質年代における進化のビジョン。自然選択の時期と遺伝子の多様性の蓄積はずれている。自然選択の時期（シーン1～3）は、中立突然変異の蓄積する安定期（シーン0）に比べてとても短い。

引き起こし、多くの生物種は絶滅してしまう。もちろん、遺伝的多様性も絶滅に伴い急減するであろう。したがって、この環境が一気に変わっていく期間には表現型が絞られ、多様性がどんどん減る。この現象は運河（canal）によって道筋を整理することになぞらえて「カナライゼーション（canalization）」という。古生物学者のナイルズ・エルドリッジとスティーヴン・J・グールドが一九七二年に提唱した断続平衡説はまさにこのメカニズムと一致する。断続平衡説とは、生物進化は急激かつ断続的に起こるという化石データを基にした仮説である。

この環境の急変を乗り越えたわずかな種は、環境変化が落ち着いて、直後の新しい安定期（シーン2）に入ると、多くの生物が絶滅しているので、空いたニッチ（生態学的地位）を自由に占有できるため、大増殖する。つまり、大型捕食動物などはすべて絶滅しているので、以前にあった強い捕食圧は消えている。わが世の春である。さらに、同様のニッチを争う競争種も多くの種の絶滅によりほとんど消えている。よって、自然選択はゆるくなり、残った種は数も急増し分布も拡大する。もちろん、最初は分布を広げ、個体数が増加するが、だんだんと広がった場所やニッチに適応していく。この過程では、多くの種分化が起こる。進化生物学でいう「適応放散」だ。適応放散とは、自然選択によって絞られた特定の種が多様性を増やす現象である。選択された生物が適応放散して種の数が一時期、急激に増加する。

ガラパゴス諸島でフィンチという小鳥の種類が多いのはまさにこの現象の産物だ。しかしこのときも突然変異はランダムに起こるため、種の数に応じて遺伝子の多様性が増えるわけではない。また、適応放散ではある程度自然選択がかかるので、種分化は起こるが、まだ、新しい環境に広がったばかりなので、その適応のレベルは低い。

この適応放散の後、つまり、環境の安定期の初期（シーン3）に、各々の環境に生物はチューン、つまり精密に適応していく。この過程では、適応放散の種分化で増えた種間で厳しい競争が起こる。そのため、種数はどんどん絞られていくが、適応のレベルはますます高くなる。この適応過程は比較的速く起こると想像される。私たちは、よく進化のシミュレーションをするが、環境変化後の進化は非常に速く、多くの場合、数百か長くても千数百世代で安定してしまうのが普通である。シーン3は、シーン2と比較すると相当長期であると思う。

そして、その後、とても長い環境安定期（シーン4）に移行するが、これが新しい初期値（シーン0）である。環境の変化が乏しいために、自然選択の作用は減るが、遺伝子の多様性は着々と増えてゆく。そして、環境の急変期までずっと、遺伝子の多様性は徐々にだが着実に増加する。

このように、地質年代は、環境の長期安定期（シーン0と4）にはさまれた環境変動期（シーン1）とその直後の時期（シーン2と3）とに分けられる。シーン1は環境変化で短期間が多いと思うが長期になる場合もある。シーン2は環境急変の終わりの極短期間だろう。それと比べて、シーン3は比較的長い。このシーン1～3が絶滅、適応放散、自然選択を通した表現型の進化を起こす時期であるが、それは、シーン0（4）の長期安定期の1000分の1の期間かもしれないし、もっと短く、地質年代では一瞬かもしれない。そして、環境の長期安定期（シーン0と4）が、遺伝的多様性の蓄積期であろう。古生物学で、断続平衡説が提唱されるのは、化石の記録がこのような表現型の進化が断続的な短期的環境変化で起こることを示しているからであろう。

つまり、表現型の進化は、氷河期のような環境変動によって短期間に起こる。そしてまたステイシス（安定状態）になって遺伝子の多様性が徐々に増える。この繰り返しが生物の進化のメカニズムではないかと私は考えている。

魚は意思では陸に上がらない

突然変異と自然選択の関係において注意すべきは、自然選択の作用は環境が変化したときに変わることだ。裏を返せば、環境が変わらなければ安定化選択が働いているだけで、方向性の自然選択はほとんど起こらず、最適化は完了している。環境の変化がない時期に、突然変異によって表現型が変わり、生物が進化する可能性もないわけではない。だが、その確率は非常に少なく、ほとんどのケースはあくまで環境の変動に依存して表現型が変わる進化である。つまり、生物の進化は環境の変化によって引き起こされるといえる。

ところが、「動物が意思をもっているかのように進化した」と考える人はまだまだ多い。たとえば、魚が新天地を求めて陸に上がろうとしたから両生類が誕生した、というような考え方である。生物学者ですらそう考える人は少なくない。だから、「魚」という主語に対して、「陸に上がった」「陸に行った」などの述語が使われることになる。こうした考え方を「自律的進化」と呼ぶが、これは非常に大きな誤解だ。

もし魚が陸に上がろうとして進化が起こるのであれば、何かしらそういう意図があることになる。しかし、陸に上がったことのない魚がそんな意図を持てるはずがない。また、自律的進化が可能なら、今でも海から上陸する生物がいるはずである。進化のスピードがとても速いことを示したアノールトカゲやダーウィン・フィンチの例を思い出していただきたい。この例からすれば、人類が歴史を持って以降、そのような進化を目撃するのに十分な時間があるはずだが、私たちは実際に新しく陸に上がった魚を見たことはない。それが何よりの証拠だ。

両生類が誕生したのは、川や海の浅瀬に棲んでいた生物が、水が干上がるという環境の変化にともなって否応なく適応した結果である。サケやアユの仲間などは、内海が淡水化するなど、まず淡水適応をさせられてから川に上るようになった。ガラパゴスのウミイグアナは、島が水没して逃げ場がなくなったためにやむを得ず海に適応した。すべて環境の変化が原動力であって、やっと生き残ったあとに、連鎖反応が起こって新しい環境に適応して生物は進化するのだ。

したがって、厳密に言えば自然選択は「自然が選択する（natural selection または selection by nature)」ではなくて、「環境が選択する（environmental selection または selection by the environment)」なのである。それこそが私がこの本で言いたいことにつながっていく。

第二部　環境は変動し続ける

第六章　予測と対応

双子の電子カメはなぜちがう行動をとるのか？

第一部では、ダーウィンの進化論と、それ以降の進化論の展開（総合学説）を大まかに述べた。そこでのキーワードは「環境」であった。つまり、「自然選択」イコール「環境選択」であり、最適を選ぶ主体は、生き物ではなく、あくまで「環境」であった。第二部では、その環境の変化にはどんなバリエーションがあるのかを述べていきたい。

すべての人間の個性が違うように、生物の個体にも、個性（個体変異）がある。そして、すべての個体は異なる環境に置かれている。だから、全くおなじ個性の生物など存在しない。私たちは、しばしば、このような根源的な個体変異を忘れがちである。ここにおもしろい例を挙げよう。それはサイバネティクス（自動機械）のカメの個性だ。

アメリカの神経生理学者であるウィリアム・グレイ・ウォルターは、一九五〇年代に興味深い実験を行った。「電子カメ」と呼ばれる、瓜二つのカメ型ロボットを作り、その行動のちがいを観察したのだ。エルシーとエルマーと名付けられた2台の電子カメは、もっとも初期のオートコントロール（自動制御）型ロボットの原型ともいえる。

カメのいる部屋は、食事場所と休憩場所（ベンチの下）があるシンプルな部屋だった。カメは腹が空くと食事場所に来て食べる。つまり、エネルギーが少なくなるとエネルギープラグの場所に来てエネルギーを補充するのだ。

この2台のカメは、光センサーと2本の真空管だけの非常に簡単な回路によってできており、プログラムも材質・構造ともに寸分たがわず同じにつくられていた。つまり、基本設計、基本プログラムがまったく同じ双子の電子カメだった。

この双子のカメを部屋に入れたところ、意外なことに、2匹は異なる行動を示した。エルシーは、セコセコと歩き回る。すると、すぐにお腹がすくので、頻繁に食事に行く。そして、また歩く。まるで休まないワーカホリックのようだった。ところがエルマーは、ベンチの下でゆっくりと休憩。動かないので、あまりお腹がすかない。だから、めったに食事に行かない。食事に行ったとしても、まっすぐベンチの下に戻っておやすみ。この繰り返しだった。

まったく同じ作りで、まったく同じプログラムをされているので、理屈上では同じ行動をするはずなのに、なぜこうまで異なる行動をするのか？　確かに、配線の微細な位置や構造や出来は違う。また、同じ地点・同じ時間で起動できないので、初めの起動位置や時間は少なくとも異なる。ほんの1ミリずれてしまえば、同じとはいえない。そうすると、とたんにその違いが増幅されてしまうのかもしれない。最近有名になったカオス理論では、初期値のわずかな違いがまったく異なるダイナミクス（動態）になることが分かった。このカメのケースはまさにそのような初期値依存なのかもしれない。

この2匹のカメの違いは、人間の一卵性の双子を考えると理解できるだろう。確かに遺伝子コードはほぼ同じでも、双子を構成する化学物質のこまかな分布や量は違うであろう。さらに、1カ所に同時に2人は存在できないので、必然的に初期値もその後の行動でも同じ場所に同時に来ることはない。つまり、微細に考えると、2匹のカメも人間の双子も「同一の環境にいる」ことはありえない。左右に2人並んだ時点で、すでに「立っている場所」が違う。

この電子カメたちの観察は示唆に富んでいる。つまり、機械でも異なるのだから、生物にとっても「環境というものは、すべての個体にとって同じではない」のだ。

季節は変わる

生物はめまぐるしく変化し続ける環境の中で生きている。現代社会に生きる人間はそれをつい忘れがちだが、生物自身が環境に関与できることは非常に少なく、環境の変化が実は選択に強く関わっている。

こうした環境の変化には予測できることもある。毎日、昼と夜が規則正しく訪れる日周変化などは予測するほどのものではなく、秩序のある規則的な現象である。このような変化に対しては、昼行性、夜行性のように生物は確実に適応することもある。ところが、同じ日々の出来事でも、いつ晴れていつ雨が降るのかを予測するのは難しい。それは天気予報を見ても明らかである。

季節の壮大な利用法には、鳥の渡りがある。彼らは季節に合わせて移動し、食物の多い比較的安全な寒冷地で夏を過ごす。特にエサの豊富な初夏に、子育てをする。昆虫でも、アメリカでは数千キロにも及ぶ渡りをするオオカバマダラ（Monarch Butterfly：君主蝶）が有名だ。他にも、ヨーロッパのヒメアカタテハはサハラ砂漠から地中海を越えて渡ることが知られている。日本ではアサギマダラがやはり渡りをする。また、近年、台湾で、マダラチョウの仲間の渡りが確認された。このように、日周変化や四季は生物にとって重要な情報なのである。

ところが、毎日の天候や、実際の寒さ暑さなどを予測するのは難しい。旱魃や洪水、台風などを完全に予測することはほとんど不可能である。環境はいつも予測を超えて変動しているからである。

多くの昆虫は、生活史を1年でまっとうする。ある年は、旱魃で日照りの夏が来ると、植物の育ちが悪く、その年の昆虫は飢える。また、ある年は、寒く雨が続き、洪水が頻発して、昆虫は寒さで育たない。ここ10年ほどの気候変動をみても、昆虫は毎世代、大きな環境変動にさらされている。ダーウィン・フィンチの棲んでいるガラパゴス諸島も、年により旱魃や長雨がきて、フィンチのエサが大きく変動している。進化生物学者であるグラント夫妻は、環境変動によって、実際にダーウィン・フィンチにかかる自然選択が変化して、口ばしの長さや太さが変わるなど進化を引き起こしているのを見事に証明している。

生き物も保険をかける

晴れと雨、温暖と寒冷、強風と無風などのように、「AかBか」という、相反する環境に生物はどのように対応していったらよいのだろうか。たとえば、暑い環境に適応すると、寒い環境では不適になる。その逆に、寒い環境に適応すると、暑い環境ではうまくない。このように、両方の環境に適応することは不可能なのである。

一九八二年、情報科学者のウィリアム・S・クーパー（カリフォルニア大学バークリー校名誉教授）と生物学者のロバート・H・カプラン（リード・カレッジ教授）は、適応度ががらりと変わる二者択一のような状況で生物が進化させた適応方法のひとつに「適応的コイントス（adaptive coin flipping）」があると考えた。

冬のライチョウの羽の色を考えてみよう。日本のライチョウはウズラのような形をしたキジ科の鳥で、日本では中部山岳の高山に生息しており、国の特別天然記念物に指定されている。日本列島以外では北半球のみに生息し、ユーラシア大陸と北米大陸を中心として17種類が確認されており、高山帯に限らず、森林や草原にも広く生息している。

ライチョウには夏羽と冬羽がある。岩場で生活する夏は背中が黒褐色になり、雪が積もる冬は真っ白になる〈写真1〉。それぞれの季節で保護色になるわけだ。ところが、ある地域のライチョウにとってはそれほど単純な話ではない。冬の気温によって、積雪の状況が大きく変わってしまうからである。もちろん、毎年の冬の気温など予測しようがない。

冬が暖かければ生息地である高地に雪が積もらないため岩場が増え、真っ白にならない。すると、白い冬羽がとても目立ち、外敵に襲われやすくなってしまう。つまり、夏羽に近い黒褐色でいるほうが有利である。しかし、雪が多くなってしまったら、黒褐色は圧倒的に不利になる。ライチョウには、その年が暖冬であるか、それとも寒い冬になるのかという予測はできない。冬は黒褐色でいる個体が有利なのか。それとも、真っ白に変わる個体が有利なのか。冬の羽の色は、ライチョウにとって文字通り生きるか死ぬかの大問題となる。

こうした環境に生物が適応するとき、一般的な方法として少なくとも2つの道筋が存在する。ひとつは中間が生き残る場合である。ライチョウでいえば、黒褐色と白が半々、つまり、黒褐色と白のまだら模様である。しかし、この中間形態はライチョウにとって最悪のケースと思われる。というのも、中間形態では、寒い雪で覆われたときも、暖かい地面が露出したときも、両方の環境で目立ってしまうからだ。

したがって、生き残るライチョウはもうひとつの道をとったと思われる。それは、真っ白い冬羽になる個体と、黒褐色の冬羽になる個体の両方の形態をとるのだ。暖冬か厳冬かは、年によって異なる。厳冬・暖冬の比率に合わせれば適応度は最も高くなる。ライチョウの冬羽の比率はまだ検証されていないが、2種類の冬羽のライチョウがいるのは事実であり、その比率は暖冬と厳冬の長期的な割合に近いと考えられている。

このライチョウの例は、「表現型可塑《かそ》性（phenotypic plasticity）」の例といえるかもしれない。

〈写真１〉ライチョウの冬羽。外敵から襲われないためには、雪上では真っ白がよい（写真：中村浩志・信州大学）。

表現型可塑性とは、遺伝子型は同じでも、環境に適応して表現型を変化させることで、環境不確定性への適応のひとつだ。

また、適応的コイントスには、母親が産む子供を振り分ける場合と、個体が自分でどちらかの羽色をとる場合と2つのケースがある。この区別は、冬を何回も追って観察してみればわかる。羽色が個体によって決まっていて、さらにその子供がある一定の割合で羽色が振り分けられれば、親が決めている。しかし、年によって、個体の羽色が変わる場合には、子供自身が決める純粋なコイントスである。どちらの場合にも適応的コイントスにはかわりない。

「マーフィーの法則」は当たっている

「マーフィーの法則（Murphy's Law）」は不確定な環境に対して、「人間がいかに反応するか」を端的に表しているいい例である。

多くの科学者がマーフィーの法則は、「血液型診断」や「マイナスイオン」「水の伝言」のようなエセ科学と思っているようである。が、本当にそうだろうか？

マーフィーの法則は、以下のようなものだ。


「失敗する可能性のあるものは、失敗する」

「ものが壊れる確率は、その価格に比例する」

「降ればどしゃぶり」

「危機に臨むと、人は最悪の選択をする」

「もっとも高価な部品が故障する」

「失敗するはずがないことは、かならず失敗する」

「起きてほしくないことほどよく起こる」

「トーストのバターを塗った面が下を向いて落ちる確率は、カーペットの値段に比例する」

――アーサー・ブロック著、倉骨彰訳『マーフィーの法則』より抜粋。


この法則を天気に当てはめると、以下のようになる。

「傘を忘れると雨が降る」

さて、この法則は正しいだろうか。感覚的には正しいように思える。ところが、科学的に考えるとおかしいような気もする。とくに、なぜ傘を持って出かけた時に比べて、忘れた時の方が雨が降りやすいのか、という因果関係だ。では、この2つの比較を考えよう。

（1）傘を忘れる→雨が降る
（2）傘を忘れない→雨が降る

実は、ここには4つのケースが内在し、〈表2〉のように分類できる。

まず、傘を忘れない場合は、雨が降りそうなので傘を持っていく場合が多いであろう。また、雨が降りそうにもない日は傘を持っていかないことが多いと思われる。ここで、このような条件を考慮して、全体を100日として日数を〈表3〉のように想定した。

つまり、傘を忘れないで雨が降った日数を29日とし、雨が降らなかった日数を11日とした。雨が降るのは100日中30日とするので、30％の確率である。それに対して、傘を忘れないで雨が降った日数は29日で傘を持っていった日数40日に比較して72・5％の高率となる。30％が72・5％になるのだから、雨降りと傘は関係が深い。

今度は傘を忘れる場合を考えよう。もちろん、雨が降りそうにない場合が多い。傘を持っていかない日数は60日でそのうち、59日は雨が降らない。つまり、傘を持ってない場合は、98％以上

	雨が降る	雨が降らない	部分計
傘を忘れない	ケース１ 雨が降り 傘を忘れない	ケース２ 雨が降らず 傘を忘れない	傘持ち計
傘を忘れる	ケース３ 雨が降り 傘を忘れる	ケース４ 雨が降らず 傘を忘れる	傘忘れ計
部分計	雨降り計	雨なし計	合計

〈表２〉「傘と雨」の４つのケース。

の高率で雨が降らない。この比率は、雨が降らない場合の全体の比率70％に比べて非常に高い。これが普通の感覚である。

この表の括弧の中は、「傘のある・なし」と関係なく雨が降ると考えたときに、「雨が降った日」と「雨が降らなかった日」が何日あるかを表している。例えば、傘を忘れない日は、40日あるので、それを、雨が降る日（30日）・降らない日（70日）の割合３対７で分けると、「傘を忘れず・雨が降った日」は、40日×０・３＝12日、「傘を忘れず・雨が降らなかった日」は、40日×０・７＝28日となる。同様に、「傘を忘れた日」60日のうち、「傘を忘れて・雨が降った日」は、60日×０・３＝18日、「傘を忘れて・雨が降らなかった日」は、60日×０・７＝42日となる。

カッコ内のように、傘と雨降りが関係ない場合に、２つの事象は互いに「独立」であるという。カッコ内の日数に比較して、実際の日数は大きくずれている。とくに「雨が降る」―「傘を忘れない」の組合せと、「雨が降らない」―「傘を忘れる」の組合せはカッコ内の日数に比べて、実際の日数が異常に多い。このように、傘と雨降りはお互いに関係がある場合を、２つの事象は互いに「従属」しているという。なぜ、従属しているかというと、雨が降っている時とか降りそうな時には傘を持っていき、晴れていて降りそうにない時には傘を持って外出しないからである。

これらのことから、実際には、「傘を忘れる」—「雨が降る」の組合せは1日しかなく、まったく無関係の場合の予想の18日よりもずっと少ない。すなわち、「雨が降って、傘を忘れる」という事象は非常に稀なのである。これでは、マーフィーの法則とは逆である。実際の雨の確率と傘の所持の確率は多かれ少なかれ似たようなものであろう。だとすると、マーフィーの法則は実際とは正反対であると結論せざるを得ない。

	雨が降る	雨が降らない	部分計
傘を忘れない	29日 （12日）	11日 （28日）	40日
傘を忘れる	1日 （18日）	59日 （42日）	60日
部分計	30日	70日	合計 100日

〈表3〉傘と雨の関係（合計100日のときの想定）。表のカッコ内は傘と雨は無関係としたときの予測日数。

では、マーフィーの法則はまったくの間違いなのであろうか？「それは当たっている」と感じるから、あれだけのブームにもなったのであろう。そうだとするならば、この統計的な結果をどう理解すればいいのだろうか。

答えは、人間行動学（心理学）にある。つまり、マーフィーの法則は、人間行動学的には正しいのである。数理科学、統計科学としてはもちろん間違いであるのは、確率から明らかである。では、そのような齟齬《そご》が起きたのは、なぜだろう？　それは、人間の記憶が左右するからである。つまり、重要な事柄、特に失敗は、記憶に強く残るのだ。

雨の降る日に傘を忘れるのは、とても困る。だから、1日でも強く憶えているのである。ところが、雨の降らない日に傘を忘れても、気にならない。逆に、雨の降らない日に傘を持って出かけると邪魔なだけである。さらに、雨の日に傘を持っていれば、それは成功であり、その時はうまくやったと思うが、すぐに忘れてしまう。だから、さきほどの4つのケースで記憶に残る失敗は、雨の日に傘を持たない場合だけである。

人間は大きな失敗など、ネガティブな経験は非常に強く憶えている。これは、実は、本書の主題である環境の不確定性への適応なのである。つまり、人間が大きな失敗を記憶するのは、次にそのような間違いを犯さないためである。2度目のリスクを回避するために、その状況を強く記憶しておくのである。大きな失敗や最悪の経験は二度とそのような状況に陥らないようにするために、強烈に憶えておくのだ。その強い記憶のために、頻繁に起こったと判断してしまうのである。

コンコルドの誤謬

マーフィーの法則はリスク回避の適応であるが、逆にリスク回避をしない面白い例がある。それは、「コンコルドの誤謬《ごびゅう》（Concorde fallacy）」といわれているものだ。「ファラシー（fallacy）」という英語は、誤り、錯誤というような意味があるが、この場合には、意図的な誤り、論理的なウソ、つまりインチキのようなニュアンスがある。コンコルドとは、かつて北大西洋を3時間半足らずで横断した超音速旅客機のことである（二〇〇三年が最後のフライト）。ニューヨークのジョ

〈写真4〉製作中のコンコルド。莫大な開発費がかかった上に、収益も初年度から赤字だった（写真：新潮社写真部）。

ン・F・ケネディ空港からロンドンのヒースロー空港と、パリのシャルル・ド・ゴール空港とを結んだ路線などがあった。このコンコルドにまつわる開発問題である。

コンコルドは、一九六二年に英国・フランスの共同開発で始まった〈写真4〉。開発途中で、予想以上の開発費の上昇や採算性の問題から中止か継続かが問われた。開発費の高騰から、利益がまったく見込めないのに、開発を続けることは赤字を単に上積みするだけである。ところが、開発は続行された。そして、六九年に当時のお金で約1兆円をかけてついに完成、七六年に就航、ロンドンとバーレーン、パリとリオ・デ・ジャネイロを結んだ。しかし、マッハ2を超える超音速で飛ぶため、機体はとても細く、座席は100席ほどで、どんなに航空券を高く売っても利益は見込めなかった。しかも超音速で飛ぶため、燃料費は莫大で、採算性はまったくなく、飛ぶだけで、巨額の赤字を生み出していた。開発中からすでに、就航してから赤字となることは分かっていた。開発中止が問われたときの続行理由は、「すでに何千億円もの巨費を投じたのだから、少しでも元を取りたい。つまり、今までに投じた額に比べてあと少しの費用で開発が終わるなら、開発を続行して元を取るべきである。さらに就航をする理由も、折角開発したのだから、就航させなければ開発が無駄になる。少しくらい赤字でも就航させるべきである」だった。このような理由付けにより、巨額の赤字を生み続けながら、開発は続行され、やがて定期便が運航されるようになったが、二〇〇〇年、エールフランス便が国内で墜落事故を起こす。長期の安全確認のための運航中止を経て、二〇〇三年ついに運航が取りやめになった。

ここで使われた、「いままでに巨額の費用を投じて、もう少しで完成するのだから、完成させなければ損である」というロジックは、まったくのインチキである。なぜなら、収益最大化の観点からすると、続行すれば赤字を増加させるものは、すでにどれだけ費用をかけていようとも、さらに投資すれば、赤字をより大きくするだけだ。つまり、即刻中止するのが赤字を減らすもっとも最適な選択肢である。過去に使った費用は将来の最適化には無関係なのだ。

これらの開発費は英仏両国政府により拠出されていたので、英国、フランスの両国民の税金が使われている。もし、開発が政府の費用でなく、ロッキードなど一般の旅客機製造会社による純粋な開発だったら、採算性の問題から計画もされなかったであろう。

「コンコルドの誤謬」は、実は、日本でも多くの公共事業で頻繁に使われるロジックである。地方空港の建設などよい例である。長崎空港をはじめ、地方空港の多くは採算が取れないことは明白だ。この本の執筆中も静岡空港が開港したり、茨城空港が着々と開港に向けて工事が進んでいる。ところが、これらの空港は開港しても、赤字を重ねることは明らかである。

一説によると、静岡空港の営業赤字をカバーするには、県民税を1人あたり月1万円上昇させる必要があるといわれている。つまり、静岡空港を開港して、運営するには、静岡県民は毎月1万円を拠出しなければならない。長崎空港が現に赤字であえいでいることからも、今からでも即刻中止するのが県民にとってもっともよい選択肢である。静岡県は夕張市のように、将来的には破産するのかも知れない。コンコルドの誤謬が頻繁に起こるのは、公共事業は住民の税金を使っているので、事業の決定者（知事や県議会）には何の不利益もないからである。彼らの利益追求の考え方では、事業の続行がもっとも理にかなっているのである。

逆に、「コンコルドの誤謬」を正した例もある。滋賀県栗東《りっとう》市の新幹線新駅が現滋賀県知事の決定により中止されたのは、まだ記憶に新しい。ところが、これには余談がある。実は、栗東市は、新駅予定地周辺を莫大な金を使って買い上げていた。つまり、新駅ができて地価が高騰することを見込んでいた者がいたのである。もちろん、新駅ができなければ二束三文の土地だ。栗東市はもともと、健全な財政体質の地方公共団体であったにもかかわらず、莫大な赤字を抱えて、現在、破綻の一歩手前というがけっぷちに立っている。栗東市長は、県にその窮状を訴えて、救済策を求めているが、これは本末転倒である。高額な地価で市に土地を売った市職員、市議会の関係者や親族がいたとするならば、ほぼ同額か少し減額して市から買い戻すことが、まず行われるべきことだろう。ただ、彼らも新駅構想が発表されるその少し以前に購入したのかもしれないが。

「コンコルドの誤謬」は、こうして説明すると、「何でこんなバカなことがまかり通るのか」と思うのだが、実際に当事者になると、陥りやすい心理である。つまり、ある開発ですでに1兆円も使っていて、9割開発が済んでいたら、やはり、あと少しだから最後まで完成させたいと思うのが人の心なのだ。

すでに旧聞になってしまったが、本書を執筆中に、小室哲哉が詐欺で逮捕されたが、彼は音楽収入が過去何十年も何十億円とあり、それを使い切るような驚天動地の豪遊生活をしてきて、収入がたった数億円？に減ったときに、その豪遊生活を変えられなくて、借金地獄に落ちた。つまり、今までの経験とか生活を急には変えられないのだ（第四章の履歴効果を参照）。

私が中学生で、東京の下北沢の祖父母の家に住んでいたときの話である。祖母は、相当の金持ちであるにもかかわらず、貧乏人の私がビックリするほどの倹約家であった。私は、お下がりのお古のシャツやズボンを着ていたのであるが、私が大きくなるにつれて、シャツのスソやズボンの丈があまりに短くなって、くるぶしが丸出しで、それこそ窮屈で少し運動するとボタンがはずれてしまうほどであった。だが祖母は、すぐボタンを付け直して、新しい衣服は決して買おうとしなかった。ズボンの股がしばしば裂けてパンツが見えてしまい、よくお尻に手を当てて帰った。あまりに恥ずかしくていまでもよく覚えている。家政婦がいるような裕福さであったにもかかわらず、祖母は庄屋の娘として生まれ育ち、倹約が染み付いていたのである。70歳を過ぎた頃から私たち孫に大変甘くなったので、ビックリしたが、それでも相当の倹約家であることには変わりなかった。

このように、環境が変わっても生活をすぐには変えないというのは、ある意味、環境不確定性への対応であるが、どうも、過去が浪費生活の場合はうまくいかないようである。次に述べる宝くじもそのような過去を引きずる例である。

宝くじ売り場の錯覚

過去の行動により将来予測が大きくゆがめられる例がギャンブラーの行動によく見られる。ギャンブラーは「負け」が何十回も続くと、次は「勝つ」と思って続行し「損」を積み重ねる。たとえば負けが99回続いたとすると、「100回目も負けが続くことはめったにない、だから次は勝つだろう」という思考をする。このギャンブルの「次は勝つ」も過去の結果に惑わされた「コンコルドの誤謬」に似た現象である。

この場合、過去の事例は関係なく、例えば、ルーレットで赤か黒かといえば、確率は常に1/2で変わらない。実は大きく張って99回負け続けたとすると、次の可能性は逆に負ける可能性が高くなる。というのは、本来99回も負けが続くのがおかしいからである。こうした場合、何らかの作為（インチキ）が行われている可能性が高い。そして、もしインチキであるなら、次も負ける可能性が大であろう。どちらにしても、もしギャンブルをするなら、採算ベースから考えて、決まった金額をすったら、その時点で止めるべきだ。

　何年か前、国際会議に参加するためオーストラリアに行った時、スロットマシーンでおもしろい体験をした。自分たちが宿泊している国際会議場のホテルにカジノが併設されていた。同僚の先生や学生たちがスロットマシーンで遊んでいるのを後ろから観察していて、以下のようなことに気がついた。スロットマシーンで、当りが出ると、さらに追加ベット（賭けの続行）をするか聞いてくる。この追加ベットは、トランプの赤黒を選択する単純な二者択一である。赤黒どちらにするか決めた後で、マシンを回すので$\frac{1}{2}$の確率かと思うが、実はそうではない。選んだ色の出る確率をずっと下げているのである。特に、はじめの当りが大きいときは、その追加ベットの確率はどうも$\frac{1}{10}$くらいになっているようである。二者択一で選んだ後からスロットを引くのだから$\frac{1}{2}$であるべきだが、これでは後だしジャンケンと同じである。少しは遊ぼうと思ったが、この結果を見ていてギャンブルをする気がまったく失せてしまい結局1ドルも使わなかった。

　宝くじも同じように、巷間で信じられているウソがある。1億円など高額の当りくじのよく出る店は当りやすいと、多くの人が信じている。店も、「この売り場で1億円クジが出ています」と派手な幟を立てている。これは、宝くじの発売日に、そのような当りの出た店に長蛇の列が出来ることからもよく分かる。友だちに確率論の先生がいるが、彼がテレビなどのインタビューで、しばしばこのことを聞かれる。

インタビューアー「当りのたくさん出た店は、当りやすいですよね？」

先生「そうです。当りやすいです」

放送では、いつも、ここでカットされてしまうという。ところが、このインタビューは以下のように続くのだ。

先生「もちろん、ひとつのくじが当る確率はどこで買おうと同じです。当る店は、当らない店の何万倍もたくさんくじを売っていますから、当りがよく出るのは当然です」

冷静に考えてみれば、当たり前のことだ。しかし、都合よく解釈したくなるのが、人の常。宝くじの誤謬は、当りを引きたいという話だったが、次のモンシロチョウは、「ババ」を引きたくないという、モンシロチョウにとって切実な問題である。

第七章　リスクに対する戦略

モンシロチョウの悩み

モンシロチョウは、キャベツ畑の大害虫である。幼虫はキャベツやブロッコリなどアブラナ科の農作物の害虫だ。一九八四年、コーネル大学の昆虫生態学者リチャード・B・ルート教授と大学院生ピーター・カレイバが、このモンシロチョウの産卵行動の最適性について、アメリカ生態学会の機関誌『Ecology』に論文を発表して注目を集めた。

モンシロチョウのメスは、キャベツ畑の中で、卵をひとつ産むと飛び立ち、次に産卵するまで大きく移動することがわかったのである。産卵ごとに大きく移動して、リスクを分散させているというのである。キャベツ畑利用の最適化からすると、すぐ近くに産卵するほうが効率的であるはずだ。論文でも、「リスク分散（risk spreading）」という言葉が使われていた。彼らは、幼虫の自然死亡率がキャベツ畑で高いのでリスク分散をしていると考えて、野草での自然死亡率と比較したのである。ところが、2つのケースでまったく違いが見出されなかった。彼らの結論は、今回は原因を特定できなかったが、なんらかの理由でリスク分散をしているのだろうということであった。

じつは、2人は大きな思い違いをしていた。野草と農作物における死亡率の違いは、自然死亡率だけではないのである。キャベツ畑にだけ産卵したとしよう。キャベツは大きいので、幼虫にとっても食べる葉はたくさんあり、育ちやすい。ところが、そこには落とし穴がある。ある時、殺虫剤が散布される。キャベツは大きくなると収穫されてしまうので、収穫前にさなぎにならなければ、飢えて死んでしまう。つまり、人間による危険がいっぱいなのである。

では、アブラナ科の野草はどうであろうか。彼らは自然死亡率の違いを見出せなかったが、野草が十分に大きければ、そのような問題はない。私がかつて研究した神奈川県川崎市の多摩丘陵では、モンシロチョウはイヌガラシやタネツケバナなどの植物にも産卵していた。しかし、これらの植物は大きさも小さく、1株で1匹育つのがやっとである。食草が小さいと幼虫1匹でも飢えてしまうかもしれない。つまり、野草に産卵することは、飢え死にのリスクを背負うことになる。

では、どうすればよいのだろう。答えは、農作物と野草の両方に産卵すればよいのである。では、どの割合で産めばいいのか。それは、農作物のリスクと野草の死亡率に関係している。つまり、農作物のリスクが高ければ、「保険」となる野草への産卵を多くすればよい。大体、1、2割くらいは保険が必要なようだ。産卵したら遠くに飛ぶ。そうすれば、キャベツ畑から抜け出て、路傍や林縁の野草に産むことになる。これが、産卵の間に大きく移動する理由だ。モンシロチョウは、このような産卵戦略をとれたので、リスクの高いキャベツ畑に侵入できたのだろう。

実は、殺虫剤や収穫による死亡は、従来の自然死亡率とは非常に異なる。自然死はほとんどランダムなため、全員が一度に死ぬことはない。ところが、ある畑で殺虫剤をまかれたり、収穫されれば、その畑にいた幼虫は全滅する。つまり、農薬散布で死亡するということは、その隣のキャベツ畑でも死亡するということである。このような死亡を「依存性がある」といい、個体間の依存性のない（独立の）自然死亡率とは区別する必要がある。この「独立」と「依存」は、先の傘と雨の「独立」と「従属」と同じである。

依存性死亡率は子孫の絶滅に関与する重要事だ。つまり、モンシロチョウのメスは、ひとつのキャベツ畑にすべての卵を産卵していると、いつかは、殺虫剤や収穫に出くわして全滅してしまう。少し離れたキャベツ畑でも農薬散布が地域一帯で同時に行われると絶滅を免れない。この絶滅問題を回避するために、多くの農作物の害虫は代替食草を持っていると思われる。

しかしその一方で、スペシャリスト（ある植物だけに産卵する）の害虫もいる。たとえば、ニカメイチュウという蛾の仲間（成虫はニカメイガという）は、代替食草をもっていない、純粋なイネの害虫だ。ニカメイチュウの幼虫は、イネの茎の中に棲み、食い荒らしていくので、稲穂はすべて粃《しいな》（中身のないイネ）になり、収穫ができなくなる深刻な大害虫である。40年くらい前まで、ニカメイチュウの防除によく効くとして、殺虫剤のＢＨＣが全国的に使われたのは、年配の方ならば憶えていると思う。では、ニカメイチュウは代替食草もないのに、なぜ絶滅しないのか。

ニカメイチュウの答えは、長距離の移動分散だ。成虫（蛾）は、生まれた地域から長距離移動してから産卵する。そうすると、ある地域で農薬が散布されても、あるいは収穫されても、遠くの地域では収穫も農薬散布もないかもしれない。殺虫剤を全国で一斉に撒くことはないし、収穫の時期も地域によってずれている。殺虫剤にしろ収穫にしろ、時期がずれている場所まで飛べれば、次世代の幼虫の破局は避けられる。このように、「長距離移動」は不安定な環境というリスクを減らす極めて有効な手段となる。長距離移動は、リスク分散の一例である。

1回繁殖と多回繁殖

生物には子供を産むとすぐに死ぬ種類と、人間のように数度も産むものがいる。ほとんどすべての昆虫は親になって卵を産むと死んでしまう。1年草は、種子をつくり枯れてしまう。魚でも1年サイクルで繁殖を繰り返すアユをはじめ、2、3年と周期は長いものの卵を産むと死ぬサケもいる。さらに、植物ではサリやタケは、およそ60年に1度花を咲かせて枯れるなど、ひとつの個体が1度しか繁殖しない。このように親になって1度しか繁殖しない形態を「1回繁殖(セメルパリティ:semelparity)」という。

一方、哺乳類や鳥類の多くは、毎年毎年、子供を作る。あるいはドングリのように、樹木や多年草は毎年実を付ける。多くの魚は、大きくなって毎年産卵をするようになる。海の魚には寿命もとても長く、とても大きく成長する魚がいる。こうした魚は一般に毎年のように子供を産むのが普通である。つまり、魚類を含む脊椎動物では、毎年子供(卵)を産むのが多いように思われる。とくに、育児をする動物では、毎年繁殖するのが普通である。このように、親に成長してから何度も子供を作る形態を「多回繁殖（イテロパリティ：iteroparity）」と呼んで「1回繁殖」と区別する。もちろん、人間は多回繁殖である。

生物の世界全体を眺めると、ほとんどの種は1回繁殖である。その多くは昆虫であるが、1回繁殖の生き物は体が小さいため早く成体になれる。多回繁殖のそれは体が大きい。極めて少数派だが、この多回繁殖も環境変動への適応といえる。

育児をする生物や、魚類など無限大成長に近く親が巨大になる生物では、一般的に、命を脅かすような環境の激変に対しては、大人より子供のほうが弱い。1回繁殖ではほとんどの時間を成熟する前の成長期として過ごすうえに、1回の繁殖が不成功に終わると、子孫は途絶えてしまうため、絶滅のリスクは高い。対して、多回繁殖では環境の激変に強い大人の時間が長く、環境の激変というリスクを大人としてやり過ごしてから、子供を産むことができる。何世代にも渡って子供を作れるということは保険が利いているわけで、多回繁殖のほうが存続確率はずっと高いといえる。しかし、多回繁殖へ進化する条件はわかっていない。たとえば、多くの樹木が多回繁殖であるのに、なぜ竹は開花すると枯死する1回繁殖を維持しているかは、大きな謎である。

リスキーかセイファーか

変動する環境の下で生物が生き残れるかどうかは、結局のところ、長期的に個体を増やせるか、つまり、積算生長率（掛け算）を「1」以上に保てるかどうかにかかっている。しかし、ある生物が絶滅せずに生き残る場合でも、実際には環境の変動の受けやすさによって、この生長率が少なからず左右されることになる。

たとえば、マンボウを考えてみよう。成魚はよく、大洋の真っ只中の海面近くにぷかぷか浮かんでいる。そのためつい最近まで、巨大なプランクトン（浮遊生物）と思われていた。最近分かったのだが、親は深海までもぐりエサを採る優秀なダイバーである。ところが、大海のど真ん中で産卵される卵から孵化する稚魚は、大海の真ん中では、外敵から身を守るすべがない。つまり、「移動」によって外敵からのリスクを減らせないため、攻撃や気象の変化などといった環境の変動を受けやすい。このように環境の変動を受けやすいタイプを「リスキー型」と呼ぶ。ちょっとした環境の変動が命に関わる一大事となるからだ。リスキー型は短期的な環境変動の影響を強く受けるために「多死」であり、そのために、「多産」でなければ存続できない。マンボウは1回の産卵で約3億個と、最も卵を多く産む脊椎動物として知られている。

マンボウに対して、サケは川という比較的安定した環境に遡上して卵を産むので、その稚魚はずっと安全だ。大きな卵であれば、初期の栄養を貯めておけるので、稚魚の生存率はとても高くなる。よってサケの卵は魚卵の中ではとても数が少なく、サイズが大きい。このように、子供の個体が環境変動の影響を受けにくい適応力の高いタイプが「セイファー型」と呼ばれる。セイファー型は子孫を安定的に残せるために、「少産型」に落ち着く。ただし、魚の卵の数とサイズにはトレードオフという制約がある（第一章参照）。これは「あちらを立てればこちらが立たず」というもので、魚の卵でいえば、数を増やすとサイズが小さくなり、サイズが大きくなると数が減

	セイファー型		リスキー型	
	年生長率	個体数	年生長率	個体数
最初	—	100	—	100
1年目	1	100	1.9	190
2年目	1	100	1	190
3年目	1	100	0.1	19
平均適応度	1		1	
幾何平均適応度	1		約 0.57	

〈表5〉リスキー型とセイファー型の3年間の適応度。平均適応度は同じ「1」だが、幾何平均適応度は、リスキー型が約0.57で、セイファー型の1に比べて大いに劣る。

るということになる。したがって、サケの卵の数と大きさについては、少産少死型といっても、必ずある種の中間形態に落ち着く。

哺乳類は、胎内で子供をある程度育ててから（胎児）出産し、さらに子育てまで行うので、爬虫類からセイファー型の進化を遂げた生物といえる。さしずめ、セイファー型の王者だ。

このように環境の変動の受けやすさによって、生物がリスキー型とセイファー型に分かれることは昔から知られていたが、明確な説明はなかった。私と数理生物学者のコリン・W・クラークが一九九一年に『Evolutionary Ecology』に掲載した論文で、これらの違いが世代をわたる環境変動への適応として簡単に説明できることを見出した。この研究では、「環境変動への適応はすべての生物に共通」で、「環境の変動のパターンのみで各々の生物の適応が決まる」ということを明らかにした。この論文は、のちに多くの派生研究を生み出し、画期的な研究として知られることになった。

その主旨を要約すると、次のようになる。

たとえば、ちょうど1年周期で繁殖を繰り返す生物が2種類いて、片方はリスキー型で、もう一方はセイファー型だとする。〈表5〉のように、最初の個体数はともに100で、3年間の平均適応度（年生長率の単純な平均）も1だが、それぞれの年の年生長率が表のように推移すると、1年目の個体数はリスキー型が190、セイファー型が100である。2年目はリスキー型が190、セイファー型が100。そして、3年目はセイファー型は相変わらず100のままだが、リスキー型は190×0・1＝19まで落ち込んでしまう。平均適応度は両方とも1で同じはずなのに、リスキー型の3年後の個体数はなんと1/5以下だ。ここまで減ってしまうと、たとえ4年目と5年目の年生長率が2まで上がっても5年目の個体数は19×2×2で76までしか復活しない。幾何平均適応度は、年生長率の幾何平均になるので、セイファー型は、1を3回かけて、3乗根をとればよいので、1と変わらない。ところが、リスキー型では、1・9×1×0・1＝0・19で、その3乗根となると、0・57くらいになり、ずっと小さくなってしまう。つまり、年当りで考えると大体半分くらいに減っていくのである。

環境の変動の影響を受けやすい、言い換えると、適応度のばらつきが大きな生物はしばしばこのように個体数が激減してしまう。それを補うためには、環境条件のいい年により多く子孫を残せるよう適応度を目一杯あげる多産型にならざるを得ないのである。

ちなみに、リスキー型とセイファー型を比べると、明らかにセイファー型のほうが有利である。それなのにリスキー型の生物がセイファー型に進化しない理由は、その生物が生息している環境では、その変動を緩和するすべがないからである。環境変動によるリスクを減らせる場合には、生物は少しでも適応度のばらつきを減らすように進化する。

飛行機事故と車の交通事故の対策の違いがその一例だ。乗客にとって、飛行機事故はいったん起こってしまえば避けられない悲劇となる。だから、飛行機に乗るときは事故対策などしようがないし、ほとんど気にしない。飛行機の座席にエアバッグシステムを付けても意味がないのである。私たちができることといえば、せいぜい保険をかけるくらいだろう（無論、航空会社にとっては話が違う。彼らは飛行機が落ちないように、機体整備から社員教育、保険までと万全の対策を施しているはずだ）。

それに比べると、自動車の交通事故は私たち自身の努力で避けられる部分が大きい。だから、私たちはなるべく安全運転をしようと心がける。また車自体もエアバッグやＡＢＳ、後方確認システムをはじめとした、様々なリスク回避のハードウェアが開発され続けている。この違いは環境変動のリスクを減らせるかどうかの違いであり、変動の影響をなるべく受けない方向に進化することを示している。

人間では、リスキー型戦略をとるか、セイファー型戦略をとるかは、その国の環境に大きく関係する。多産多死型の発展途上国と少産少死型の先進国という状況がまさしくこれだ。

医療の発展や食糧事情の改善により死亡率が極端に下がった結果、先進国は発展途上国と異なり、セイファー型に移行した。日本の場合、現在、子供の数は夫婦１組当り2人を大幅に切って１・３７人（二〇〇八年度）。つまり、生長率は完全にネガティブなのだ。なぜ１人っ子が多いのかというと、まず、生存率はほぼ１に近いので、死亡を心配する必要はほとんどないからだ。一方で、教育費など莫大な費用がかかる。子供を2人以上作れば、教育費をはじめ、子供にかける費用は倍となるが、1人っ子なら、すべての努力・労力を1人の子供に傾けることができる。

ところが発展途上国では、子供の死亡率は先進国に比べはるかに高く、子供は重要な家族の労働力で大事な収入源となる。子供をたくさん作れば、家（家族）は繁栄するが、作らなければ、その家は滅亡の一途をたどる。つまり、発展途上国の家庭では「多産」が最適な戦略なのだ。

ところが最近、事情は変わりつつある。先進国からの援助などにより医療の整備が進んだため、幼児死亡率が低下している。しかし、親の行動には「時差」が出る。幼児死亡率が低くなっても、変わらずに子供をたくさんつくってしまう（第四章の履歴効果を参照）。そのため、さらなる人口増加の原因となっている。日本を含め多くの先進国でも、幼児死亡率の低下が戦後、急激に起こり、その後、人口は増加の一途をたどった。そうして、やっと日本でいえば、二〇〇六年をピークに、人口増加が止まったのである。

発展途上国の子だくさんには、もうひとつ大きな問題がある。発展途上国では、子供をたくさん作るので、1人当たりの資産はどんどん少なくなり、貧しくなっていく一方で、先進国の子供の富は増加するばかりだ。つまり、先進国ではますます金持ちが増えていき、発展途上国では、人口増加とともに生活困窮者が増えていくという貧富の差の問題もここにはある。

世代をまたがる環境変動

いままで、個体間の変異や1個体の経験の変異などについて述べてきたが、実は世代を越えた環境変異も自然選択に大きな影響を与える要因である。

世代間を越えた環境変動がどのように生物に影響するかは、近年までよくわかっていなかった。変動する環境に対する生物の適応があることは、昔から言われていた。例えば、世代が重複するような動物は、その世代が死に絶えても、他の世代がいるので、絶滅を免れるが、温帯地域の昆虫のように、世代がそろっている場合には、幼虫や成虫の世代のときに全部死んでしまえば、絶滅するだけである。また、植物では種子が休眠することによって条件の悪い年を越し、環境がよくなってから発芽すれば休眠により悪い環境をやり過ごしたことになる。

コリン・W・クラークと私は、一九九一年に変動する環境下における自然選択の一般理論を提唱して、生物の適応全般に影響が「有りうる」ことを示した。ここで、「有りうる」というのは、どのような形質に関しても、環境変動は確率分布の問題であるので、等しく影響を受ける可能性があるというものである。つまり、前に述べた重複世代や休眠種子などの形質特有の問題ではなく、生物すべての形質の適応に、環境変動は影響を与えうるのである。そして、影響があるかは、環境変動の確率分布に依存している。

世代間にわたる環境変動が最適化に影響する形質は当然、他にもある。モンシロチョウが農作物以外にも卵を産む行動は、短期的に見れば適応度は低いものの、変動する環境に対するリスク回避だった。

また、タニシをはじめとする淡水性の巻き貝のなかには魚が近寄ってくると、水の中から逃げ出すものまでいる。しかも、もっと長い時間が経つと、捕食者がいる大きな川では殻がだんだん厚く、硬くなってゆく。コペポーダと呼ばれるミジンコの仲間にも、捕食者がいると棘が発達し、いないところでは棘をつくらない種類がある。同じように、捕食者が多いとまずい成分を増やす植物もある。このような形態は「誘発される防御（inducible defense）」と呼ばれ、環境によって異なる進化を見せ、環境の不確定性を考慮するといずれも最適は決められない。

種子がとる戦略

植物は全般的にリスキー型といえる。何しろ、ちゃんと日の当たる土地で芽を出さない限り、無事に生長できないにもかかわらず、種子は自分の行く先を選べない。そのため、親の植物はたくさんの種子を作って、そのうちのひとつでもいいから、偶然に条件のいい土地に落ちることを想定している。つまり、種子の1個1個は、ほんのわずかな生き残りのチャンスしかない。生涯に子供を1人2人しか作らず、大事に育てる人間とは大違いである。

タンポポなど風で飛ばされるタイプの種子にとっては、遠くまで飛ばして新天地を見つけることが重要である。そのため、実生《みしょう》（種子からはえた苗）の生存率は低くなるが、軽くて小さい種子を実らせる。種子の分散ではタンポポやカエデなど、どこに種子が落ちるかわからない場合も、種子の数は多いほうがよい。しかし、カエデのような森林の樹木では、実生や稚樹（木の子供）が育つために種子はある程度の大きさを必要としている。また、サヤが割れると種子が飛び出すホウセンカなど、物理的な力を利用するものは近くにしか飛ばないが、種子はある程度の大きさを持っている。セイファー型の側面がわずかだがあるように思える。といっても、本質的には、何千何百の種子をつけるので、リスキー型といえる。

また、動物が種子分散を手伝う場合には、果実をつけるものが多い。動物が果実を食べると、その中の種子は糞を介して分散される。鳥に食べられる果実をつける植物はとりわけ遠くへ分散できる。ドングリなどは、リスが埋め忘れた種子が芽を出して育つ。果実のように数が少ないといっても毎年のように何十何百というたくさんの実をつける。さらに動物分散では、種子は動物の体内を経由するので、硬い皮（種皮）に覆われた種子をつくる。そのせいか、風散布の種子よりはだいぶ大きい。中には、梅や桃の種のように2、3センチ以上のものもある。動物の子供に比べたら、種子サイズが大きいからといってもたくさんの種子をつくっており、リスキー戦略であることに変わりはない。

植物の種子がどこへ飛ばされるか分からないと同様に、海棲動物の子供もどこに流されるかわからない。というのは、ウニやカニなど多くの海棲動物の子供はプランクトン（浮遊生物）だからだ。つまり、個々の子供は海に漂うだけで、リスク回避ができない。さらに悪いことに、海岸近くは、たくさんの海棲動物がプランクトンをエサとして食べている。従って、海棲動物の多くは、とても多くの子供を作らないと子孫が残らない。もちろん、稚魚も同様である。魚はネクトン（遊泳生物）と呼び、泳いで自由に動けるが、幼魚の移動できる距離は高が知れている。つまり、育児をするような特殊な魚を除いて、稚魚の安全性はほとんどなきに等しい。だから、何千、何万と子供を作ってリスク分散をするのである。

植物にはもうひとつ、リスク分散なり、リスク回避の方法がある。それは、埋土《まいど》種子集団だ。多くの植物の種子は、地面に自然にもぐりこみ、その年にはすぐ発芽しないで、次の年の春まで待つ。これは、冬という悪条件を回避しているためだ。ところが、埋土種子には、冬の回避だけではなく、次の年に発芽しないで、そのまま残るものがある。2年目、3年目と遅れて発芽するもの、あるいは十数年休眠してしまうものなど様々だ。だから、ある年に旱魃が来て、地上が壊滅的な打撃を受けても、その次の年には、埋土種子からの発芽で新しい植物はできる。一九五一年、千葉県の検見川で発見されたオオガハス（大賀ハス）は、大賀一郎博士により翌年に発芽育成され、ピンクの大輪をもつ花を咲かせた。このオオガハスのように、2000年もの間、土中（池の底）にあっても発芽できるものもあるのだ。

また、草の種子は森林の下で何年も眠っていて、森林を伐採するといっせいに発芽して草原を形成する。これもずっとその機会を待っていたのである。森林の伐採は人間活動であるが、自然では、落雷などによる山火事がそれに相当する。面白いことに、萩など多くの植物の種子は、高熱に対する反応をもっていて、火災で森林が焼け野原になると、一斉に発芽して大草原を形成する。日本の山焼きをするところで、萩が多いのはそのような理由からだ。

このように、休眠して、条件の悪い時間を回避するのは、何も埋土種子だけではない。湖の底には、よくミジンコなどプランクトンの休眠卵や休眠胞子がたくさん眠っている。そして、いつもその一部が休眠からさめて活動を始めるのだ。

第八章　「出会い」の保障

精子と卵子のリスクヘッジ

雌雄の「出会い」を保障することは、リスク回避の観点から重要である。オスとメスの出会いで面白いのが、精子と卵子の出会いにおけるリスクヘッジだ。

精子は卵子に比較して何百何千分の１の小ささで、数も数万数百万、数千万と数多くつくられる。これは、どれかひとつの精子が卵子に到達して受精すればよいので、数だけが頼みだからだ。ところが、卵子は受精のあと、成体まで育たなくてはいけないので、栄養もたっぷり貯めているため大きい。つまり、精子はリスキー型で卵子はセイファー型といえる。

実は、精子と卵子は昔からこのように大きさが違っていたわけではない。アオノリやアオサ（海苔の原料）のような海藻の中には、同型配偶子といって、雄性配偶子（精子）と雌性配偶子（卵子）が同じ大きさのものがたくさんある。また、雄性配偶子がわずかに（数％）小さい異型配偶子を持つ異型性から、数倍数十倍のサイズ差があるものまで様々である〈図６〉。

おそらく、精子と卵子の出会い確率の問題から、精子が小さいほうが、出会いの効率がよかっ

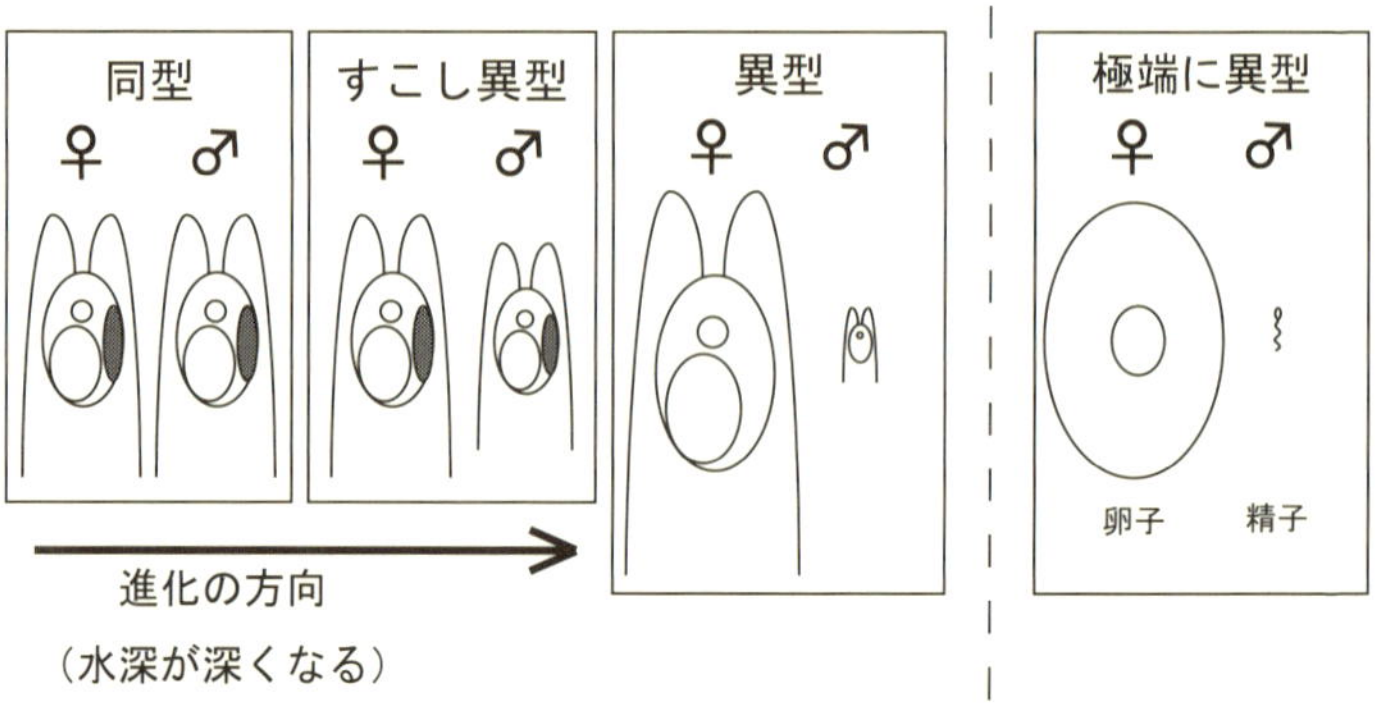

〈図6〉海藻における異型配偶子の進化。海藻が生える水深が深くなるにつれて、異型性が強くなる。同型・すこし異型の配偶子は、眼点（光を感じる器官）があり走光性がある。異型配偶子をもつ海藻は、深い海に育ち、眼点がなく、雌性配偶子が出す性フェロモンにより雄性配偶子が集まる。人間などの動物では、この異型性が極端に進化している（Togashi, et al. 2004を改変）。

たのだろう。千葉大学の進化生態学者の富樫辰也准教授は、精子と卵子の出会い効率の観点から精子の進化（つまり異型配偶子の進化）を研究している。

海藻の精子と卵子は配偶体から各々放出され、海水中で出会って受精する。海藻は光合成をするので、光がよく入る浅瀬の海に茂っている。雄性配偶子と雌性配偶子はともに海水面へ上がるという正の走光性をもっており、海水面のすぐ下で出会って受精する。これは、水中で出会うよりもとても効率がよい。なぜなら、水中では3次元の中での出会いになるが、水面のすぐ下ならほぼ2次元での出会いとなり、遭遇する確率は高いからだ。受精するとすぐに負の走光性が働き、海底に沈下して、そこで新しい海藻（じつは胞子体といい胞子を作る。胞子は配偶体へと育ち、配偶子を作る）へと育つ。

ところが、地質年代から、海は海進と海退を繰り返しているため、生えていた場所が浅くなったり深くなったりする。すると、海水面での出会いの効率が悪くなったり、よくなったりと変化する。とくに海進したときは、海藻本体は深い海に沈み、最後には精子も卵子も海面まで距離がありすぎて上昇できなくなってしまう。このような深い海底に育つ海藻は雌性配偶子が雄性配偶子の何倍も大きく、フェロモンを出して、海中で雄性配偶子をひきつける。こうした出会いの効率から、最終的には、精子と卵子のような異型性が進化したことが想像できる。しかし、いまだに、精子と卵子のような大きさが数千倍以上も違うという進化の道筋は明らかではない。

オスとメスの「出会い」

オスとメスの割合、つまり、性比は絶滅に大きくかかわっている。性比の割合は、ほとんどの生き物でほぼ1対1に近いが、死亡率によって若干異なってくる。たとえば、人間の場合、男性の若年死亡率が女性のそれよりも少し高い（約5％）ので、男子が生まれる割合も、その分高くなっている。

現在、性比の定説となっているのは、一九三〇年、科学者のロナルド・A・フィッシャーが、『The Genetical Theory of Natural Selection（自然選択の遺伝学的理論）』で提唱した理論である。この理論では最適な性比は常に1対1となっている。ところが、ここに大きな問題があった。つまり、オス・メスの死亡率が異なっていても、最適性比は1対1（オス比0・5）から変化しないのだ。つまり、死亡率は性比に影響を与えない。だから、この理論は、人間に見られるような性比のオスへの偏りは説明できないのである。

私たち（私と、同僚の泰中啓一教授、学生の林太朗）は、二〇〇六年に、死亡率が性比に影響を与えることをはじめて説明した。私たちの理論は、フィッシャーに欠けていた「出会い（オスとメスが結びつくこと）」を考慮している。

「出会い」とは、つまり、こういうことである。東京には数多くの待ち合わせ場所があるが、中でも有名で、待ち人の多いポイントのひとつは渋谷駅前にある忠犬ハチ公像の前だろう。私もたまに、その像の付近で待ち合わせをするが、いつ来てもヒト、ヒト、ヒトである。そして、ほとんどが若い男女。これだけの数の若者がいるのだから、さぞかし恋の出会いは多いと思うかもしれないが、そんなことはない。たいていの人の待ち合わせ相手は決まっており、新しい出会いはほとんどない。いわばひとつの水槽に若いオス・メスが混じり合い泳いでいるのに、繁殖しない状態である。つまりオス・メスの数と、出会いの数はまったく別なのである。

私たちの理論に戻ってみよう。たとえば、第1世代は出生時点でオス・メス合計２００匹いたとする。1対1性比ではオス・メス１００匹ずつとなる。ここで、大人になるまでの死亡率は、メスが0・4、オスは0・6としよう。そうすると、大人になって繁殖するときには、メスは60匹、オスは40匹になる。オスとメスが1匹ずつペアを作るとメス20匹が余ってしまう。ここで重要なことは、繁殖ペアの数が次世代の子供の数に比例するので、この場合あまったメス20匹は繁殖に役立たないことだ。各ペアが子供を5匹ずつ産むとすると、ペアは40組いるので、子供の総計は200匹になる。これが、1対1性比の場合の第2世代の子供の数である。

ところが、第1世代の出生時点で、オス対メスの性比が3対2だったとしてみよう。そうすると、合計200匹なので、オスは120匹、メスは80匹である。前述の死亡率（オス0・6、メス0・4）から計算すると、繁殖時には、オス・メスともに48匹が生き残るので、48の「出会い」が起こり、48のペアになる。だから、第2世代の子供の数は、48×5で240匹となる。性比1対1の場合より40匹子供の数は多くなる。つまり、死亡率の高いオスを補うように性比を偏らせると、繁殖力が1対1より格段に高くなる。死亡率はこのように、性比に大きな影響を与える。

では、絶滅可能性がもっとも低くなる性比はなんであろうか？　実は、交尾・繁殖時に性比が1対1であると、繁殖カップルの数が最大になる。たとえば、30人いたら、男女15人ずつのときに、15カップルが成立するので、繁殖率は最大になる。もし繁殖前の男性の死亡率が高いと、繁殖時点での性比は女性に偏るので、男性をたくさん産めばよい。このような絶滅を避けるメカニズムで、人間の性比は男性側に偏っていると思われる。

この出会いの理論により、人間を含めた多くの生物の性比が1対1のあたりで安定していること、さらに死亡率の高い性（人間では男子）がより多く生まれることを説明できたのである。この性比の進化では、絶滅を避けることが最優先となるので、フィッシャー理論のような繁殖で相対的に有利かどうかは二の次になる。つまり、誰かに勝つ「強者」より、繁殖機会をなくして絶滅しないことのほうが重要なのである。

かつて、男性の死亡率は高く、結婚（繁殖）年齢に達する男性は、女性に比べて少なかったと思われる。男性はしばしば戦争により死亡するので、女性に比べてさらに成人男性は少なかったであろう。たとえば、イスラム教はコーラン（イスラム教の聖典）で、4人まで妻を認めている。それはマホメットがコーランを書いたときに、男が戦争で死んだために数が少なく、成人したときの男女比が大体1対4だったからだと言われている。マホメットは当時の状況で男女比を最適化したたに過ぎないのだ。

チョウはなぜ山に登るのか

登山をすると、たくさんのチョウに出会うことがある。特に山頂が草原になっているとたくさんのアゲハチョウ、ヒョウモンチョウやタテハチョウ類が飛び回っている。よく見るとハチやハエもいる。実は、なぜ山頂にこれだけ多くの昆虫が集まるかは、謎であった。アリゾナ州立大学の行動学者であるジョン・アルコックが調べたところによると、アリゾナの砂漠地帯では、何キロも離れた山の頂上まで、数種のハチやチョウの仲間が登ってくるという。彼の観察によると、オスが山頂の灌木の枝先や岩の上で待っていて、メスが上ってくるとアタックするという。つまり、交尾行動のために山頂まで登ってくるのだ。

なぜ、山頂などという自分たちの棲家からあまりにも離れた場所まで、危険を冒して登ってくるのか？　それは、オスとメスの出会いを求めるためなのである。

アリゾナ砂漠の昆虫の多くは、まばらな植生に分散して生息しており、交尾相手を見つけるのがむずかしい。日本の山頂に集まる昆虫にも同じことがいえる。たとえば、キアゲハは、幼虫がセリ科食草を食べるが、セリ科は非常に広範囲に分布しているので、どの食草から成虫が羽化するか探すことができない。つまり、オスがメスを探す手段がない。同様に、スミレ類を幼虫食草とするヒョウモンチョウ類も、森林の林床に生えるスミレはどこにでもあるので、メスの羽化する場所を探しようがない。だから、出会い場所を求めて進化したのだろうと考えられる。

はじめは、メスを見つけやすいので、樹上のような見晴らしのいい場所が有利だったのかもしれない。しかし、山すその尾根筋の方が、平地の木よりは高い。つまり、尾根筋にオス・メスともに集まるようになる。そうすると、尾根の高い方がより有利になる。さらに山頂へ向かって移動することになる。もちろん、山すそは広く、尾根筋はたくさんあるが、山頂に近づくにつれて、尾根は合流して、少なくなり、山頂でひとつになる。つまり、登ってきた昆虫がもっとも集中するのが山頂なのだ。このようにして、自分たちの生息している平地で相手を見つけにくいチョウやハチは、遠く離れた山頂に集まって、交尾相手を確保する。まさに、出会いの不確定性の克服である。

日本でも、1600～2000メートルの大きな山の山頂にチョウやハチ、ハエなどが数多く集まっている。浅間山の山麓に石尊山《せきそんさん》という1600メートルくらいの山がある。山頂が草原なので、私は中学時代、そこに集まってくるチョウをよくとりに行ったものだ。

出会いのために進化した素数ゼミ

私の提唱している素数ゼミ（正式名称は周期ゼミ）の進化仮説でも「出会い」が重要な鍵を握っている（素数とは1とその数以外のどんな自然数によってもわりきれない数。ただし1は除く）。素数ゼミにはいろいろな謎があるが、中でも、なぜ13年と17年という素数年の周期しかないのかが大きな疑問だった。一九九七年に私はこのセミの進化仮説を提出したが、そのアイディアは出会いと絶滅の問題が深く関与している。その進化史を要約すると以下のようになる。

セミは昆虫の中でも成長期間が長く、日本のアブラゼミは6〜8年かかって成虫になる。このように成虫になるまで長い年月がかかるのは、幼虫のエサと深く関係している。実は、セミの幼虫は樹木の根に口を刺して、導管から水分を吸収する。この水分は僅かな無機養分しか含まないので、成長に時間がとてもかかる。そして、ある大きさになると地上に這い出してきて、羽化して成虫になるのだ。

素数ゼミの祖先は、古生代から中生代の暖かい時代には、毎年発生する代わり映えのしないセミだった。新生代に入り、氷河期に突入すると、気温が低くなった。そのため、セミの幼虫は成長が遅くなり、成虫に必要な大きさになるのに余計な年数が必要になった。幼虫の期間は7年が10年、10年が15年と延びた。もちろん、寒冷化に伴い土も乾き、ほとんどの幼虫は息たえた。それにより、長い幼虫期間を生きのびて羽化した成虫も、交尾相手が極端に少ないという大きな問題に直面し、ほとんどのセミが絶滅した。

氷河期には、多くの土地が氷河に覆われ、樹木はほとんど消えてしまった。しかし、樹木がわずかに残ったリフュージア（refugia：避難地）が、アメリカ東部から中西部にはたくさんあった。このリフュージアで羽化して出会った幸運なアダムとイブ（もちろんセミだが）が子孫を残した。数の少ないアダムとイブの子孫たちは、成長のバラつきで、発生する年がずれると交尾相手に出会えなかった。ところが、その中から羽化する年数を一定にした突然変異の個体が出てきたのだ。発生年がずれないので、交尾相手に困らず、瞬く間に子孫の間に広まった。これが第1段階の進化、「周期性の獲得」である。世界でも周期を持ったセミは素数ゼミ以外には知られていない。

素数ゼミは、隔離されたリフュージア内では、周期性の獲得と同時に、集合性と定着性も進化した。なぜなら、集合性は出会いを確実にするし、定着性は、近くにいるはずの子孫同士の出会いを容易にするからだ。

はじめは、いろいろな周期のセミがいたにちがいない。北方のリフュージアでは、15〜18年、南方では、12〜15年の周期があったと思われる。

が、ここでもまた、大きな問題が発生した。リフュージアのあちこちに散らばっていた異なる周期のセミが出会ってしまったのだ。周期以外の違いはないので、もちろん、出会えば交雑（異なるグループと交尾して繁殖すること）する。交雑した個体は、親の周期とは異なる周期で発生する。例えば、15年が優性で18年と交雑すると、交雑体は15年で出てくる（同じ遺伝子座に2つの異なる遺伝子があるときに、発現する遺伝子を「優性」といい、発現しない遺伝子を「劣性」という。時計遺伝子では一般に短い方が優性である）。この交雑体同士が交雑すると、18年周期が出てくる。この18年周

周期	10年	11年	12年	13年	14年	15年	16年	17年	18年	19年	20年
10年		110	**60**	130	**70**	**30**	**80**	170	**90**	190	**20**
11年	110		132	143	154	165	176	187	198	209	220
12年	**60**	132		156	**84**	**60**	**48**	204	**36**	228	**60**
13年	130	143	156		182	195	208	221	234	247	260
14年	**70**	154	**84**	182		210	112	238	126	266	140
15年	**30**	165	**60**	195	210		240	255	**90**	285	**60**
16年	**80**	176	**48**	208	112	240		272	144	304	**80**
17年	170	187	204	221	238	255	272		306	323	340
18年	**90**	198	**36**	234	126	**90**	144	306		342	180
19年	190	209	228	247	266	285	304	323	342		380
20年	**20**	220	**60**	260	140	**60**	**80**	340	180	380	

〈表7〉10〜20年周期での各周期の出会うまでの年数を示す。素数周期（11・13・17・19年）は短い周期がない（灰色部分の数字）ため、他の周期のセミとは頻繁には出会わないので、交雑の機会が少ない。

期は、15年の発生を挟んでいるので、元の18年周期より3年早く出てくる。このように、周期が混ざり分断されてしまったのだ。そして、分断されて小さくなった個体群はオスとメスの出会いがまた難しくなり絶滅してしまう。発生周期が頻繁にぶつかればぶつかるほど、交雑が進み、個体数は減ってしまう。

素数年の13年と17年は、最小公倍数が大きいことから分かるように、ほかの年数周期の個体群とはめったに出会わない〈表7〉。つまり、ほかの周期との出会いが少ないのだ。だから、素数ゼミは個体数を維持していける。

個体数の減った周期のセミには、さらなる悲劇が待っていた。頻度依存のフィードバックだ。15年の周期と17年の周期が出会ったとしよう。ここで、個体数は、15年が1割、17年が9割のときを考える。ランダムに交雑すると仮定すると、17年のメスは、10匹中9匹は17年のオスと交尾できる。残りの1割の1匹が、間違って15年のオスと交尾する。ところが、15年のメスは

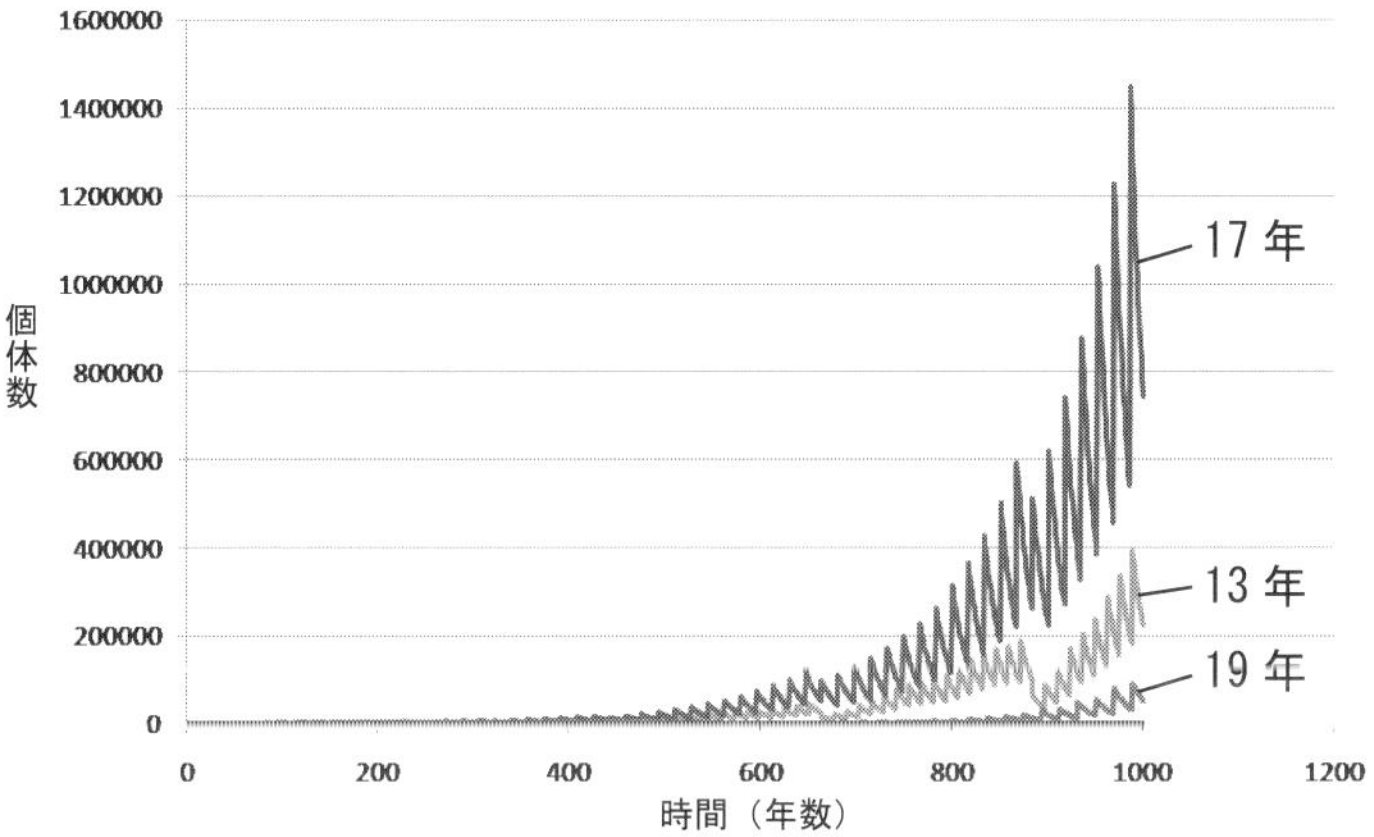

〈図８〉周期ゼミの出会いとアリー効果のシミュレーション。10〜20年周期（初期値1000個体）が出会う。アリー効果として成虫が100個体（絶滅限界個体数）に満たない場合は絶滅させた。1000年後には、17年が多く、13、19年が存続、後は絶滅した（Tanaka, et al. 2009を改変）。

大変だ。10匹中９匹が間違いの17年のオスと交尾してしまう。正しい相手の15年と交尾できるのは、高々１匹くらい。だから、交雑しない15年の子孫は10分の１になってしまう。１００匹いたとしても、交雑すると10匹に減ってしまう。個体数が減るということは、加速度的に不利になるのだ。この少なくなるとより減らされてしまう正のフィードバックが、少数個体になった非素数の周期のセミたちを一掃した絶滅メカニズムである。このようにして、13年と17年の素数周期のセミだけが進化して残った。

　私たちの研究室にいた林太朗や兵庫県立大学の田中裕美らと、10年から20年までの11種類の周期があるときに素数周期が選択的に残ることを、コンピュータシミュレーションで証明した〈図8〉。素数周期が残るケースは、幼虫の生存率や成虫の羽化率が低く、絶滅にきわめて近い条件でのみ出ることが分かった。さらに、個体数が少ないときに絶滅してしまうという効果（提唱者の名前からアリー効果という）を加えたときに、選択的に素数周期が選ばれる。ところが、アリー効果がないときには、すべての周期が残ってしまうことを示した。この効果は、たとえば、個体数が極端に減少したときには、雌雄の出会いが難しくなり、交尾繁殖が困難になり、絶滅に向かう場合に起こるので、これも実は「出会いの問題」である。

このように、素数ゼミは、はじめは周期を作って出会いを確実にすること、そして次に、自分の周期とだけ出会い交尾すること（ほかの周期と出会わないこと）により絶滅を回避した稀有な進化の例なのだ。

浮気もリスク分散のため

出会いの確実性も重要だが、逆に、交尾相手を代えるというリスク分散もある。多くの野鳥のメスは貞淑で、決して浮気をしないと長年思われていた。しかし、一九八〇年にDNA鑑定法が確立されたことによって、実は、ほとんどつがいを代えないと思われていた多くの野鳥のヒナで5羽に1羽ぐらいがメスの浮気による子供だったことがわかった。その理由は、自分の交尾相手になんらかの遺伝的欠陥があると、自分の子供はすべて絶滅するかもしれない。だから、時おり浮気をしてオス親を代えて、保険にするのである。

この結果に対して、世界中の動物学者、生態学者、鳥類学者が唖然とした。そこで、鳥類学者や生態学者が必死で観察したところ、なんと、メス親は、オス親の日を盗んで「藪の中」で待ち合わせて、ことをすましていたのである。

鳥のメスは浮気をして、リスク分散をするが、アゲハチョウのオスには、交尾したメスに〝貞操帯〟を付けて、自分の子供（受精卵）を守るものがいる。オスは交尾したあと、白い突起物でメスの交尾器を覆い、他のオスと交尾できなくしてしまうのだ。春になると本州で見かけるギフチョウやヒメギフチョウ、奥多摩の5月に飛ぶウスバシロチョウ、北海道の平地に飛ぶヒメウスバシロチョウ、世界で北海道大雪山にしか見られないウスバキチョウなどもそうである。こうしたチョウは、オスとの交尾1回で十分な量の精子をもらえるのだ。そしてメスにとっては、さらに多くのオスと交尾するのではなく、交尾を求めるオスによって産卵を妨害されることを避けたいのだろう。それが、このような貞操帯を進化させてきた理由だろう。

トンボにも、チョウの例と同じように交尾による産卵妨害をするものがいる。多くのトンボのメスには、本来のメスと、オスに見た目が似ているオス型メスの2タイプがいる。筑波大学の高橋佑磨と渡辺守教授は、アオモンイトトンボのメスの2つの型に対するオスの好みを調べた。オスは毎朝、最初の出会いで憶えたタイプ（メスの型）を探索イメージとして選ぶという。メスの型は場所や時間で異なるが、多い型のメスを多くのオスは憶えることになる。だから、多い型のメスは、その型を憶えている多くのオスの妨害を受ける。逆に、少ない型のメスはオスの妨害がなく産卵に専念できる。このように、少ない型が有利になるので、2タイプが維持されているらしい。

第九章　「強い者」は生き残れない

最適が最善ではない

ダーウィン以後の進化理論である総合学説では、適者生存、つまり、平均適応度の高い者が生き残るという適応度万能論が信じられてきた。ここでは、平均適応度の高い個体を「強い者」と定義しておこう。つまり「強い者＝子孫をたくさん残す者」という図式で、「適応度の低い者は駆逐される」という自然観であった。ここで、平均適応度は、相対適応度でも絶対適応度（または、生涯繁殖成功度、積算増殖率）でもよい。

では、私が考える環境変化・変動を考慮に入れたときの進化理論「環境変動説」は、従来の平均適応度の最適化とどこが違うのか？　それは、こういうことである。リスクの問題など様々なトレードオフにより強い者が必ずしも生き残れない、つまり「最終的に生き残る者」と「強い者」とは、しばしば一致しないのである。

体長の適応を人間の男子を例にして説明しよう。男性にとって健康であることはもちろん、子孫をより多く残すためには、女性に選ばれることが重要である。ひと昔前に「3高（高身長・高学歴・高収入）」という言葉が流行ったが、やはり身長は高い方がモテる（としておこう）。モテれば当然、多くの女性が寄ってきて、それだけ生殖行動の機会も増える。

では、どれくらいの身長が最適なのか。言い換えれば、身長何センチの男子が一番子孫を多く残せるだろうか。仮に１８０センチが女性に最も人気があったとする。ところが、日本の家屋の戸（ドア）の高さは一間、つまり１８０センチが多い。そこで、男性の適応度ポテンシャル（可能性のこと。遺伝子型の適応度と区別するために、こう呼ぶ）は、身長１８０センチが最適であるが、１８０センチを越すと頭がドア枠にぶつかって、仮に死んでしまうとする〈図９〉。

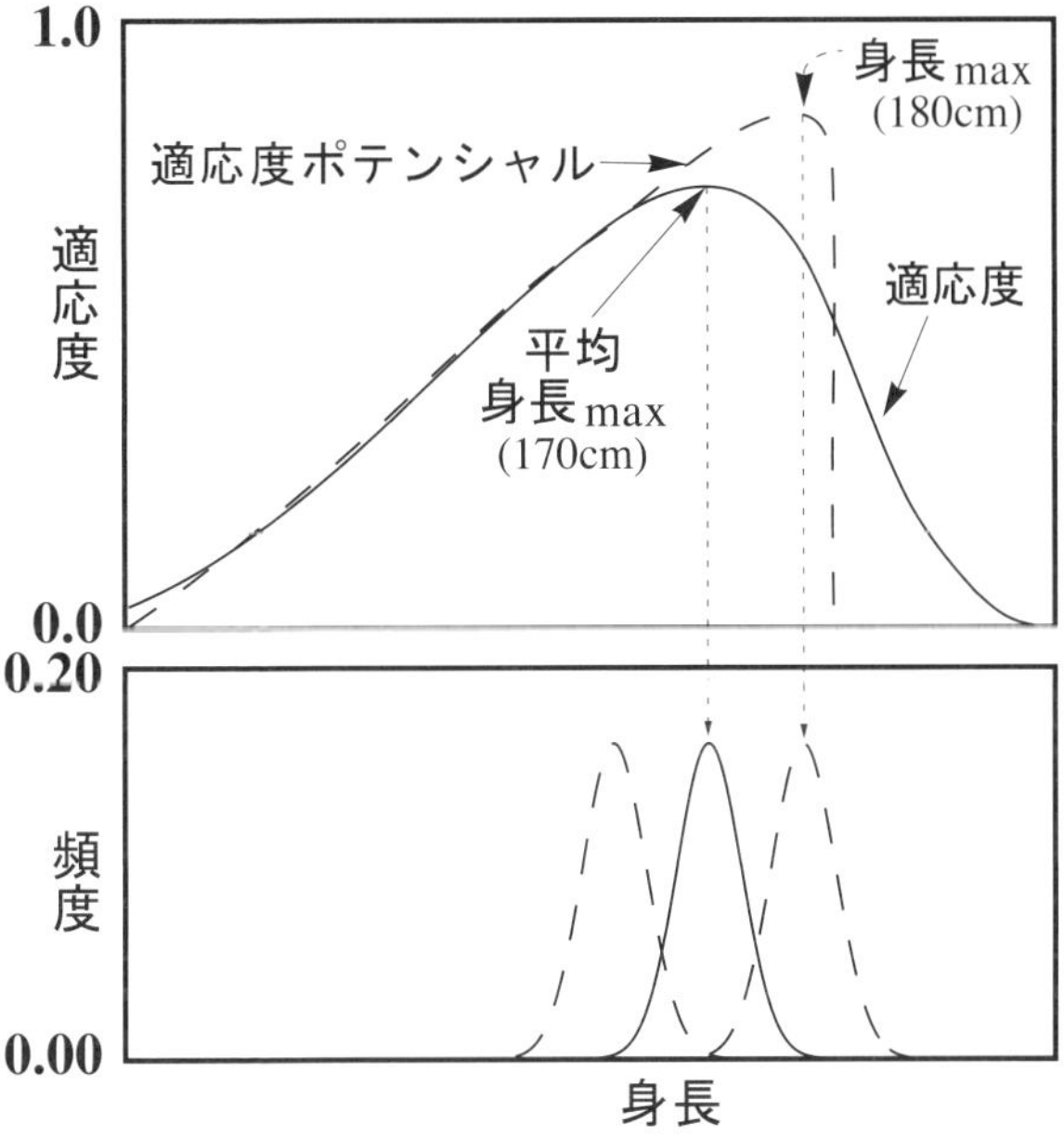

〈図９〉身長の最適化。上図：表現型（身長）の適応度ポテンシャルと遺伝子型（平均身長）の適応度。下図：身長の確率分布（図は平均身長160、170、180cmの分布）。個体の最適身長は180cmだが、最適平均身長は170cmで異なる（Yoshimura and Shields 1987を改変）。

このとき、自然選択による適応進化は、男性の身長を何センチにまで導くであろうか？

食べ物によって背の伸び方が変わるように、身長も食事環境の変化に応じてばらつきを生じる。人間の身長は、多くの生物の体サイズのように多数の遺伝子が複雑に関与している。身長の確率分布は、たいていお椀かお皿をふせたような形の放物線を描く。ここで、進化の対象となる遺伝子型は、平均身長であり、すなわち自然選択で平均身長が変わるとしよう。

では、１８０センチの遺伝子型の適応度を考えてみる〈図９〉。この場合、平均１８０センチでは、半分の個体が１８０を越してしまい、ドア枠に頭を打つ。つまり、その身長は最適ではない。では、何センチが最適かというと、１８０を越さないが、十分高い分布、たとえば、平均身長１７０センチが最適なのである。〈図９〉のように、平均身長１７０センチだと、もっとも最適な１８０センチになる者がほとんどいない。一方で、１８０を越して死んでしまう男子もいないのだ。だからこそ、合計の適応度はずっと高くなる。

この例を見ても、最適な者（１８０センチ）、つまり、強者はわずかしかできないのである。

鳥はなぜヒナを少なめに育てるのか

毎年、春になると卵を産むシジュウカラという野鳥がいる。世代にわたる環境の変動を考えると、このシジュウカラにとって、毎年いくつ卵を産んだらいいかが大問題となる。エサの量や気象などの環境条件によって、育てられる子供の数が異なるからだ。

昆虫がたくさんいる恵まれた年は、13羽が最適だとしよう。ところが、旱魃で虫が少ない年に13羽を育てることは無理なだけでなく、下手すると自分さえも死ぬ恐れがある。親個体にとっては絶対に避けなければならない状況だ。

シジュウカラ自身が、その年がいい年なのか悪い年なのかを予測できればいいのだが、それはもちろん不可能である。すると、恵まれた年に13個が最適だったからといって、その子孫が翌年以降に毎年13個卵を産むようだと、いつか絶滅を迎えることになる。絶滅を防ぐためには、ある程度余裕を持たせ、最適より少ない数にとどめておかなければならない。

鳥が1回に産む卵の数を英語で「clutch size（クラッチサイズ、一腹卵数《ひとはららんすう》）」という。いろいろな鳥で実験を行ううちに、興味深いことがわかってきた。実験方法はとてもシンプルだ。巣に卵をひとつずつ足していき、ヒナが無事育つかどうか確かめるのである。エサが十分あるうちは、ヒナはよく育つが、ある程度以上になると、育つヒナの数が減ってくる。実験でわかったことは、能力的にはもっと多くのヒナを育てられるはずなのに、多くの鳥がたくさん卵を産んでいないのである。シジュウカラでは、育てられるヒナの数と比べると明らかに3〜4個、卵が少なかった。ちなみに、ワシカモメの場合、ヒナを6羽も育てられるのに、実際には2〜3羽しか育てない〈図10〉。

なぜか？　一九五四年にデイヴィッド・ラックというオックスフォード大学の野外鳥類研究所の教授が、『The Natural Regulation of Animal Numbers（動物の個体数の自然による制御）』という教科書で、卵数と卵サイズのトレードオフ（第一章参照）を明らかにしたが、卵数は最適値

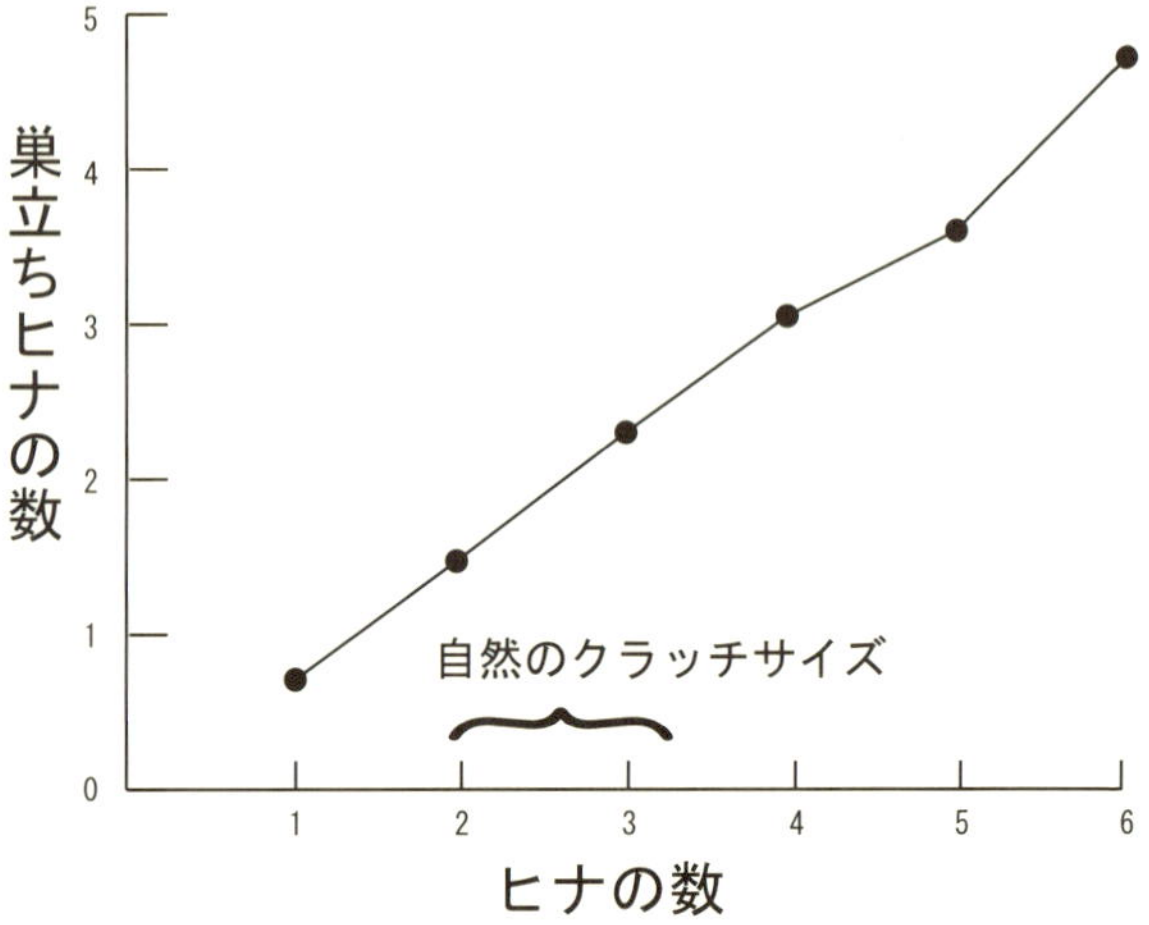

〈図10〉ワシカモメの繁殖成功度（巣立ちヒナの数）。育てはじめたヒナの数が多いと巣立ちヒナの数が多い。ヒナの数4〜6羽は人工的に加えた。6羽が最も巣立ちヒナの数が多いが、自然のクラッチは2〜3羽しか育てない（Vermeer 1963を改変）。

より少ないことを発見した。彼は、個体変異や環境変動など最適化を阻むさまざまな制約があるのだろうと説いた。一九八七年にオックスフォード大学の数理生物学者マーク・S・ボイスと鳥類生態学者クリス・M・ペリンズが、フィールドのデータをもとに解析を行って、おそらく環境変動が原因と結論を出している〈図11〉。

しかし、もし環境変動が原因だとすると、この問題の答えを出すのは非常に難しい。というのは、絶滅に瀕するほどの状況は非常に稀にしか起こらないからだ。つまり、観察データがなかなか取れないのである。さらに、そのような状況（絶滅しそうな状況）に運よく遭遇したとしても、観察データは不完全なので、本当にどのくらいが生き残ったかの推定ができない。

なぜ不完全かといえば、調査地で絶滅した場合には個体数がゼロになるので、すべての個体の適応度がゼロになってしまう。そうなると、そもそも産卵数でもって環境が良い場合と比較できないので、その善し悪しを検証できない。つまり、環境が悪ければ悪いほど、その影響は大きいはずであるが、実証はより難しくなってしまう。一九九一年、前述のコリン・クラークと私が共著で発表した環境変動への適応の論文を書いていて、この影響の強さと実証の難しさが比例することに気がついて愕然とした覚えがある〈図11〉。

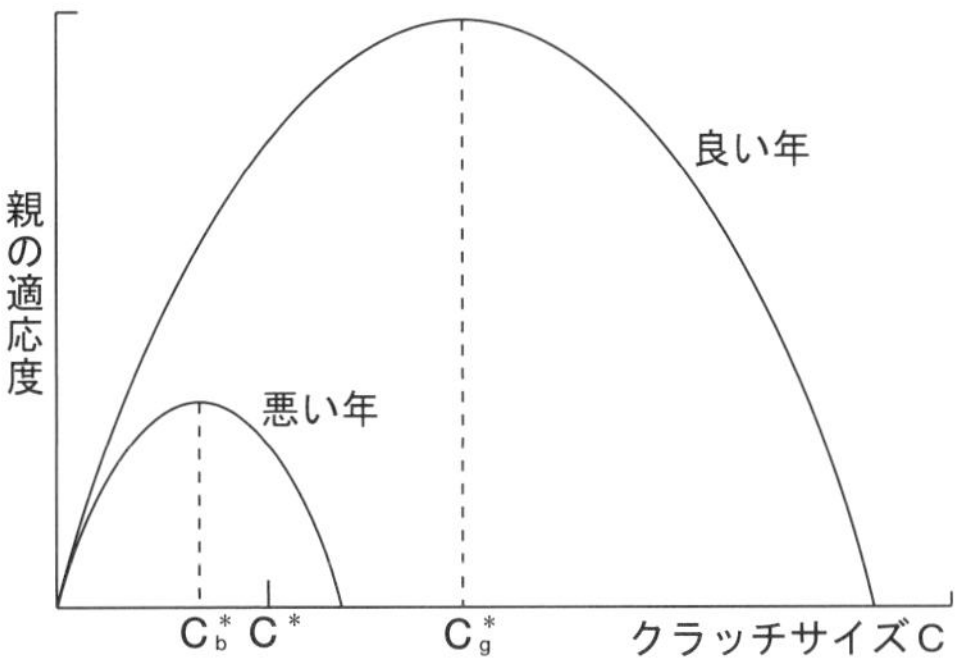

〈図11〉クラッチサイズと親の適応度。環境の良い年は最適なクラッチサイズ（C_g^*）は大きいが、環境の悪い年には小さい（C_b^*）。長年を通した最適クラッチサイズ（C^*）は、幾何平均適応度で決まるので、C_b^*にとても近い。C_g^*を選ぶと環境の悪い年に親も死んで滅亡する（Yoshimura and Clark 1991を改変）。

しかし、私も環境変動が原因という説に賛成である。鳥は環境変動というリスクに備えて余力を残しているのだと考えている。それも、ずいぶんたくさんの余力をだ。なぜなら、環境が最悪になったときに、ヒナだけでなく、自分も死んでしまえば元も子もないので、少なくとも自分が生き残ることだけは保障したいのだ〈図11〉。クラッチサイズの問題はとてもチャレンジングで、現在、私もメキシカン・ジェイ（カケスの仲間）という鳥で研究している最中である。

その一方で、ワシやタカなどの猛禽類はシジュウカラとは対照的な行動を身に付けている。彼らはヒナを1羽しか育てない。たとえヒナが1年に1羽でも、無事に育てば適応度は十分に高い。2羽同時に育てると、両方とも小さくなって、かえって適応度は下がってしまう。それなのに彼らは卵を2個産むのである。1個しか産まないと、孵化しなかったり、ヒナに何らかの異常があって、もし不具合があったときに困ってしまう。2個は万一のための保険なのだ。だから、親ははじめのヒナの無事を確認すると、予備のヒナを捨ててしまう。これはシジュウカラとは逆のパターンである。シジュウカラと猛禽類に共通しているのは、最適を求めるのではなく、「存続、または持続性」を保障する行動である。

同様に、卵のサイズと数のバランスについても世代間に生じる変動のケースといえる。環境の変動を考慮すると、生物の繁殖行動はリスキー型とセイファー型に分けられることはすでに解説した。変動のリスクを小さく出来れば生物はセイファー型に進化するが、マンボウやドングリなど、リスクを減らせない場合は多産でないと絶滅する。このときも、環境を一定と仮定すれば、卵が大きいほど個々の適応度は高く、多産の生物は卵が小さいので最適化に逆行しているように見える。

しかし、変動の影響を強く受ける生物は卵を小さくしてたくさん産まなければ生き残れない。このケースではマンボウにもっと大きな卵を少なく産ませてみるといった実験を行うことは不可能だが、実際の生物では恵まれた環境における最適値よりもかなり低めに、つまり、環境変動のリスクを多分に含めてトレードオフのバランスが選択されていると考えられる。事実、そうでないと長期的な存続はとても厳しいだろう。やはり重要なのは、「一定の環境の下で最適かどうか」ではなく、「変動する環境で存続できるかどうか」である。

　しかも、環境の変動にさらに対応できるように卵のサイズと数が調整される場合もある。植物の種子がそうだ。種子の数はある程度遺伝的および発生的に固定されてしまうので、急に変えることはできない。しかし、植物は種子への栄養の配分を変えられるために、栄養が豊富にあれば大きな種子をたくさん作る一方、栄養が少ないときは、発芽できない粃という状態の種子を作って数を調整することもできる。ドングリもそうなのだが、植物にはある程度決まった大きさの種子をつくっておいて、栄養が足りない分を粃にして数を調節するものが多い。そうやって、環境の変動に対応してさらにトレードオフのバランスを調整しているのである。となると、ますます最適が決まらなくなってくる。

　このように環境が変化・変動しているときには、子供の数、すなわち平均適応度を最大化していくと、逆に不利になる。死亡リスクをかぶらないよう、絶滅しないよう、子供の数を少なく抑えている個体こそが、いざ環境が悪化した時に生き残れるのだ。これが、環境変動、すなわち、生物にとっての環境不確定性への適応なのである。

　この環境変動の問題は、実は子供の数だけの問題ではない。前述の私の論文の重要性は、この環境変動が、「すべての形質に等しく影響を与え得る」ということを見出したことだ。それはこういうことだ。環境変動の影響は、形質の問題ではなく、環境変動を表す確率分布に依存する。だから、どのような形質についても、変動する環境の下では最適（すなわち「強者」）は決まらないのだ。

3つの進化理論の違い

環境変化・変動が自然選択にどのように影響を及ぼすかは、第二部で説明してきた。この環境の問題は、第一部で説明したように、従来の進化理論では、考慮されていなかった。つまり、環境は変化しないという条件で、自然選択がどのように起こるかが研究されてきたのである。

ダーウィンの進化理論は、自然選択理論であり、そもそも、環境という概念が存在しなかったことは第一部の冒頭で述べた。当時は、生物が自然選択により進化することを論理的に説明しようとしていたのだ。

現代の進化理論は「総合学説」と呼ばれており、ダーウィンの自然選択理論を様々な点で発展させている。たとえば、自然選択についても、安定化選択と方向性選択とに分けて考えている。これは「環境は変化する」という意味を含んでいる。では、私の言う「環境変動説」はこの総合学説とどう違うのか？　適応度の例を考えながら、説明してみよう〈表12〉。

まず、ダーウィンの進化理論は、環境Aの中で自然選択が起こる。3つの遺伝子型をx、y、zとしてそれらの適応度をwとしよう。このとき、w(x)>w(y)>w(z)と仮定する。つまり、適応度は、xが一番高く、次にy、そしてzが低い。ダーウィンの自然選択理論では、適者生存なので、もちろん遺伝子型xが勝ち残る。

次に、総合学説では、自然選択は安定化選択と方向性選択の2つに分類されている。安定化選

進化理論	環境	選択	適応度 w	生き残る遺伝子型
ダーウィン	A	自然選択	w(x)>w(y)>w(z)	x
総合学説	A↓B	方向性選択	w(x)>w(y)>w(z) w(z)>w(y)>w(x)	x↓z
環境変動説	A↕B	絶滅回避	w(x)>w(y)>w(z) w(z)>w(y)>w(x)	y

〈表12〉 3つの進化理論の違い。適応度は左に行くほど高い。ダーウィンの進化理論（自然選択理論）では、環境変化を想定していないので、環境Ａで強いｘが生き残る。総合学説では、環境がＡからＢに変わることを想定しており、強い者は、ｘからｚに交代する。本書の進化理論「環境変動説」では、環境ＡとＢが交互にくるので、各々の環境で強いｘとｚは絶滅してしまい、どの環境でも絶滅回避できるｙが生き残る。

択は、ダーウィンの自然選択理論と同じで、環境Ａの中で適者ｘが生き残る。また、方向性選択では、環境はＡからＢへ変化する。そこで、環境Ａでは、適応度はｗ（ｘ）＞ｗ（ｙ）＞ｗ（ｚ）だったものが、環境Ｂでは、ｗ（ｚ）＞ｗ（ｙ）＞ｗ（ｘ）となったと仮定しよう。つまり、環境Ｂでは、適応度はｚが一番高く、次にｙ、そして、ｘが一番低いとする。だから、環境がＡからＢに変化すると、生き残る遺伝子型はｘからｚに変化する。生物個体群は遺伝子型ｚに進化する。第一章のオオシモフリエダシャクの工業暗化はまさにその例だ。このように、従来の進化理論の枠組みでは、適者（＝「強い者」）が生き残るといっていい。

「環境変動説」は、それとどこが違うのだろうか？　ひとことで言えば、環境変化の見方が違うのだ。〈表12〉を見ていただきたい。

環境Ａと環境Ｂの両方があるとして、世代によりどちらの環境が来るか分からない。あるいは極端なケースでは、午前が環境A、午後が環境Bと、両方の環境がめまぐるしく変わることもある。こうした時、生物の遺伝子型はxもzも最適でない場合がある。つまり、適応度が1番高くはないyが、絶滅を避けて存続していくことができるのだ。各々の環境で「強い者」が生き残るのではなく、すべての環境で「そこそこ」のyが最後には残るのである。

前節で説明したクラッチサイズはまさにこの絶滅回避のケースだ。また、本章のはじめの「体長の進化」の例は、環境不確定性が体サイズ（表現型）に確率分布を引き起こす例で、やはり、最適な表現型に進化しないケースだ。このように「環境が決まっていない」また「変動し続ける」というケースは、現実の環境にはあり得るのだ。これが、「強い者」が必ずしも生き残らない理由である。

私は、従来の進化理論を否定するつもりは毛頭ない。ダーウィンの自然選択理論は、進化理論の基礎であり、それを精密化させたものが現代の総合学説といえる。私が本書で提案している環境変動説は、従来の進化理論に欠けていた視点を補完しているだけである。生物の進化には、様々な二面性がある。もちろん、「強い者が生き残る」という場面はしばしばあるだろう。しかし、長い目で見た場合、最も強い者が絶滅していくこともあることは確かなのだ。実は、このような理論の元になる研究は、古くは一九六九年からいくつか論文が発表されている。しかし、環境変化しないケースが基本で、環境が変動するケースは「特別な場合」と考えられていた。一九八七年と九一年の私の論文（参考文献参照）は、環境不確定性や環境変動が実は普遍的に起こることであり、自然選択理論の基本概念として考える必要があることを示した。

第三部では、「強い者」が生き残らない世界において、進化がどのように起こるかを概観してみよう。

第三部　新しい進化理論——環境変動説

第十章　環境からいかに独立するか

進化は単なる「変化」

「進化」という日本語は英語の「evolution」の訳である。「evolution」はそもそも「巻き物を解く」というラテン語の「evolutio」から派生した言葉で、英語においても「展開」「発展」などの意味で使われる。その意味では英語でも「進歩」というニュアンスが含まれているが、ダーウィンの自然選択理論には「進む」という方向性は存在せず、ダーウィン自身も「evolution」という単語を積極的には使っていなかった（『種の起源』で、それに類する言葉は「modification」が使われている）。

キリスト教的価値観の強かった19世紀には「進化」と「進歩」はほぼ同義であった。つまり、進化の末にある人間は動物とは違う、特別な存在であるという見方が一般的だった。が、20世紀前半には、人間を動物の一種と認めるようになってくる。しかし、それでも、人間を頂点とした生物の進化の上下を、「高等動物」「下等動物」という呼び名を使って論じていた。依然として、進化には「進む」という意味が色濃く残っていたのである。

しかし、自然選択理論の総合学説が形成された20世紀後半になってくると、進化の解釈に大きな変化が起こってくる。人間が特別・最上であるという思い込みが次々に壊されていくのである。鳥やチンパンジーにおける道具の使用や学習行動など様々な観点から人間を特別視できなくなった。確かに人間行動は複雑であるが、動物の事例と比較しても程度の差こそあれ、本質的な差異が見つからなくなってきたのだ。つまり、生物の進化において、従来想定していた人間を頂点とした高等動物の進化が論理的に説明できなくなってきた。さらに、集団遺伝学の発展に伴い、生物の遺伝子の変化、特に遺伝子頻度の変化を「生物の進化」と呼ぶという慣行から、進化に対して「進む」という意味が抜け落ちていった。

このように、自然選択理論が発展、浸透するにつれて生物学では進化に「進歩」という色合いがしだいに薄れ、21世紀の生物学では「進化」は単に「変化」と同じ意味になっている。現代の進化生物学の定義では、遺伝子頻度の変化も進化と呼び、表現型形態の変化も進化と呼ぶ。

さて、変動する環境のなかで生き残ることが生物にとって最も大切なことはこれまで述べてきたとおりだ。つまり、リスクを回避して、環境不確定性の影響をなるべく受けない生き方である。このことから、あるひとつの単純な結論が導かれる。生物の進化においては、環境への依存度がより低いものほど選択されやすいという進化の方向性だ。環境依存からの脱却という点で、この進化は向上性の進化といえる。人間を頂点とした進化における向上性は、ひところしきりに論じられていたが、根拠がないとして現在では否定されている。しかし、この環境依存性からの脱却という視点から、新しい向上的進化を論じることができると私は思っている。

原始的な細菌から人間まで、あらゆる生物にとって環境の不確定性の影響を減らすことが有利であるならば、その方向に選択が進むことは明らかだ。環境からの独立ということは、環境に依存しないで、安定して生物個体が存続できるということである。だから、環境変化・変動に対してとても強くなる。ここで重要なことは、良い環境での生存・繁殖ではなく、最悪の環境になったときの絶滅リスクを回避できるという点だ。

第二部で述べたように、環境変動の中で生き残っていくことが、生物にとって重要である。環境への依存性が低くなれば、その生物の持続（存続）効率は高くなり、生き残りやすくなる。以下に述べるように、生物の中にはさまざまな方法で、環境からの影響をなるべく受けないよう進化した者もいる。

多産によって多死をカバー

最も原始的な生物はバクテリアなどの細胞の中に核を持たない原核生物だ。生態も極めて原始的であり、彼らができることといえば、ひたすら増殖を繰り返していろいろな場所へ分散し、たまたま適した環境にうまく落ち着いた連中が生き残って、そこでまた繁殖を繰り返すくらいである。いわば多産多死の自転車操業だ。環境が悪くなれば、彼らは手も足も出せずにたちまち死滅

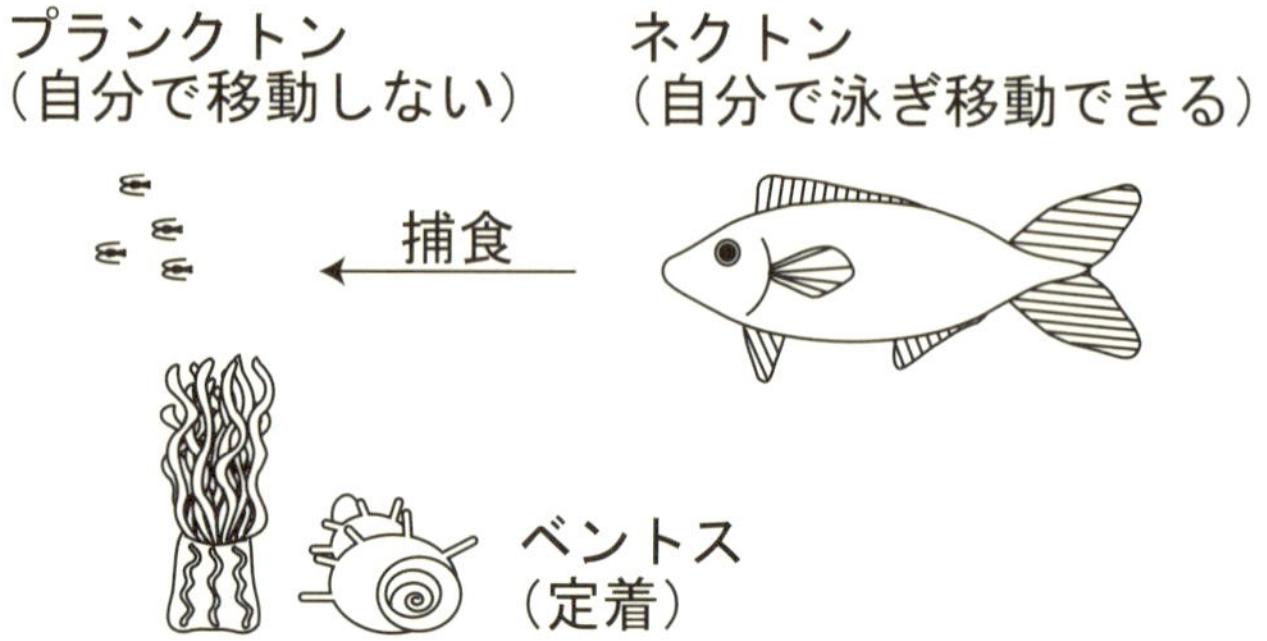

〈図1〉海産動物の生活型。プランクトン（浮遊生物）は移動能力が低く多産。ネクトン（遊泳生物）は移動能力が高く、少産の傾向がある。ベントス（底生生物）は、幼生期がプランクトンであり、多産の傾向がある。

する。同様に、ウィルスなどの病原微生物も条件がよくなると増殖を繰り返すが、悪いときは、死んで、分解していくだけだ。これらバクテリアやウィルスの多産多死は、環境（栄養）条件が良いときに、増殖スピードを上げて、世代を極端に短くすることによって達成している。

環境依存の多産多死は、バクテリアやウィルスの他にもいろいろな生物で見られる。水中のプランクトンも一般に増殖スピードの速いものが多い。水中に棲む生物は、移動能力や生活空間によってプランクトン（浮遊生物）、ベントス（底生生物）、ネクトン（遊泳生物）の3つに大別され、その順に進化したと考えられる〈図1〉。ギリシャ語で「放浪者」という意味を持つプランクトンは、遊泳力のない最も原始的なグループだ。水中のバクテリアなどもプランクトンの仲間である。プランクトンは泳ぐといってもわずかしか移動できないので、一旦、魚などの捕食者に見つかると積極的な危険回避はできそうにない。そのため、増殖率によって多産を実現している。

ベントスは多産多死で、植物に似ている。一見、植物のようなホヤやイソギンチャク、そして、ゴカイやアサリなどの貝、ウニやヒトデなどの棘皮動物、さらにはほとんど海底を離れずに海底でエサを採る一部の魚も含まれる。その多くは幼生の間、プランクトンのように浮遊したのち、うまい具合に海底にたどりついたものが海底付近で生活するという特異な生態を備えている。

たとえば、「海のパイナップル」と言われるホヤは、卵からかえった直後はオタマジャクシのような形をしており、少しは泳ぐこともできる。ホヤは植物ではなく、れっきとした動物だ。しかも、背骨の原型を持つ原索動物といって、人類の遠い祖先ともいえる。卵からかえったホヤのオタマジャクシは、海流に流されつつも泳いで海底にたどり着くと、それを合図に変態を始める。最初は海底に付着して、次に尾が消え、最終的には植物と間違われるくらいほとんど動けない形になる。つまり、ベントスの幼生は、植物の種子のようにどこに行き着くかはコントロールできないのだ。ベントスもこのように基本的には受動的な移動であり、したがって、やはり多産多死型の傾向が強い。

これらの生物は一般に成体は大きいが、幼少期はとても小さく、死亡率が極端に高い。第二部で説明したマンボウや幼生期がプランクトンの海棲生物、森林の樹木、もちろん、精子や花粉も偶然任せの多産である。皆、幼少期の生存・死亡が偶然によって決まり、死亡率がとても高いために、多産にならざるを得ない。これらの生物では、増殖スピードは年1回など比較的一定でゆっくりだが、1回の繁殖における子供の数が多く、そのほとんどが親になる前に死亡する。

逃げる

予測できない環境といっても、ライチョウの冬羽や昆虫の食草のように具体的に適応できる環境もあれば、空から降ってくる隕石に当たるような、まったく予期できないものもある。後者のように具体的には適応しようもない変化に対して、生物ができることといえばやはりリスクを減らすという漠然としたものにならざるを得ない。例えば、天敵の魚がいない池や小川に棲む巻貝には、魚が入ってくるとたんに陸に飛び出していくものがいる。魚の匂いに反応して、食べられるのを避けるために陸地に緊急避難するのだ。水田のニカメイガが遠くまで移動分散するのは、突然降ってくる殺虫剤や収穫などの地域的なリスクを避ける有効な方法である。

ところが、そのような災害に対して、植物や動けない生物は、その場での環境の変化に耐えるしかない。動ける場合は、もちろん、動いて逃げればよい。泳げないプランクトンは悪い環境に流されたら生き残れない。あるいは、流された先に捕食者がいれば食べられてしまう。が、遊泳力があれば危険な場所は避けられるし、捕食者からも逃げられる。また、陸上に目を向ければ、最初に水中から陸に上がったクモやダニなどの節足動物をはじめ、ほとんどの動物が移動能力を身に付けていることは、いみじくも「動＋物」という名前がはっきりと示している。

第二部で、変動する環境のなかでうまく生き残っていくプロセスこそ生物の本質と述べた。その意味からすると、移動という行動を身に付けることは生物にとって必然といえる。おかげで生物はさまざまな移動形態を進化させてきた。

ネクトンは、水中での移動という手段を持ちえた生物たちで、ほとんどの魚とイカやタコなどがネクトンだ。水中生活者のなかではもっとも進化した種類といえる。水中では、大きな動物は捕食者となり、小さな動物はエサとなる。小さな魚は、大きな魚の泳ぎまわる時間には岩陰に隠れてやり過ごす。もちろん、見つかりやすいところに隠れた小さな魚は大きな魚の餌食になる。実は、アワビやサザエのようなベントスも大きな魚の泳いでいる昼間は岩の割れ目に潜んでいて、夜になって大きな魚が寝ると出てきて、昆布に取り付いて食べ始める。さらには、植物プランクトンや動物プランクトンも日周期に合わせて水深の上下動をするが、この垂直移動も捕食者である魚を避ける移動といわれている。

陸上では、草食動物は、草を求めて移動するが、捕食動物は、草食動物を追いかけて移動する。たとえば、ヌーなどをはじめとしたセレンゲティの草食動物はエサの草を求めて大移動をする。飢えて死ぬリスクを軽減させるためだ。そしてライオンなどの肉食動物は、同様にエサの草食動物を追いかけて移動する。

同様の大きな移動を行うのは、カナダのトナカイやカリブーたちだ。エサである草を求めて夏は北方へ、冬は南方へ行く。オオカミなどの捕食動物やエスキモーも、それに合わせて狩のために移動する。

なかでも、鳥の渡りに代表される季節移動は、周期的な環境変動に適応した結果といえるだろう。一般的に暖かい南方地域ほど捕食者が多く危険に満ちており、逆に寒い寒冷地ほど捕食者が減る傾向にある。多くの渡り鳥は、繁殖のために、春から初夏に北方（寒冷地）へ渡る。幼鳥は捕食されやすいので、より安全な北方で子作りをする。冬にはエサはあるが、危険の多い暖かい南方地域へ戻る。つまり、春は繁殖（幼鳥）のリスクを下げるために北方へ渡り、冬はエサの欠乏による生存リスクを避けるために南方へ渡るのだ。

鳥の渡りも最初は小移動から始まったに違いない。しかし気象の変動の影響を受けるうちに、長距離を移動した方が適応度が高いため、大規模な渡りに進化したのだろう。

渡り鳥に対して、渡らない鳥を「留鳥」という。ところが、さらに、「漂鳥」という表現が鳥類学者では頻繁に使われる。漂鳥は、小さな渡りをする鳥をさす。私の自宅は川崎市北部の多摩丘陵の雑木林の中にあるが、近年、冬になると、コゲラやシジュウカラなど多くの野鳥が自宅の周りにやって来る。彼らは夏は軽井沢などの高地で子育てしているのであるが、冬にエサが少なくなると、雪の積もらない平地に降りてきて、エサを探す。このような渡りは流動的で、鳥たちもエサなどの必要性に応じて行動変化をしているのだ。

ニホンザルにも渡りと同様の行動をする群がある。初夏から夏にかけて、槍ヶ岳などの北アルプスの3000メートル級の山頂付近まで登る。これも夏にエサと安全を求めて、移動しているといえるだろう。

ところが、渡り鳥でも必要がなければ渡らない。たとえば、ほかのツルと同様、本来渡りをするタンチョウヅルは、明治時代に入って狩猟が可能になり、明治の終わりには絶滅してしまったと思われていた。しかし大正十三年、釧路湿原で数つがいが発見された。このつがいたちは、冬

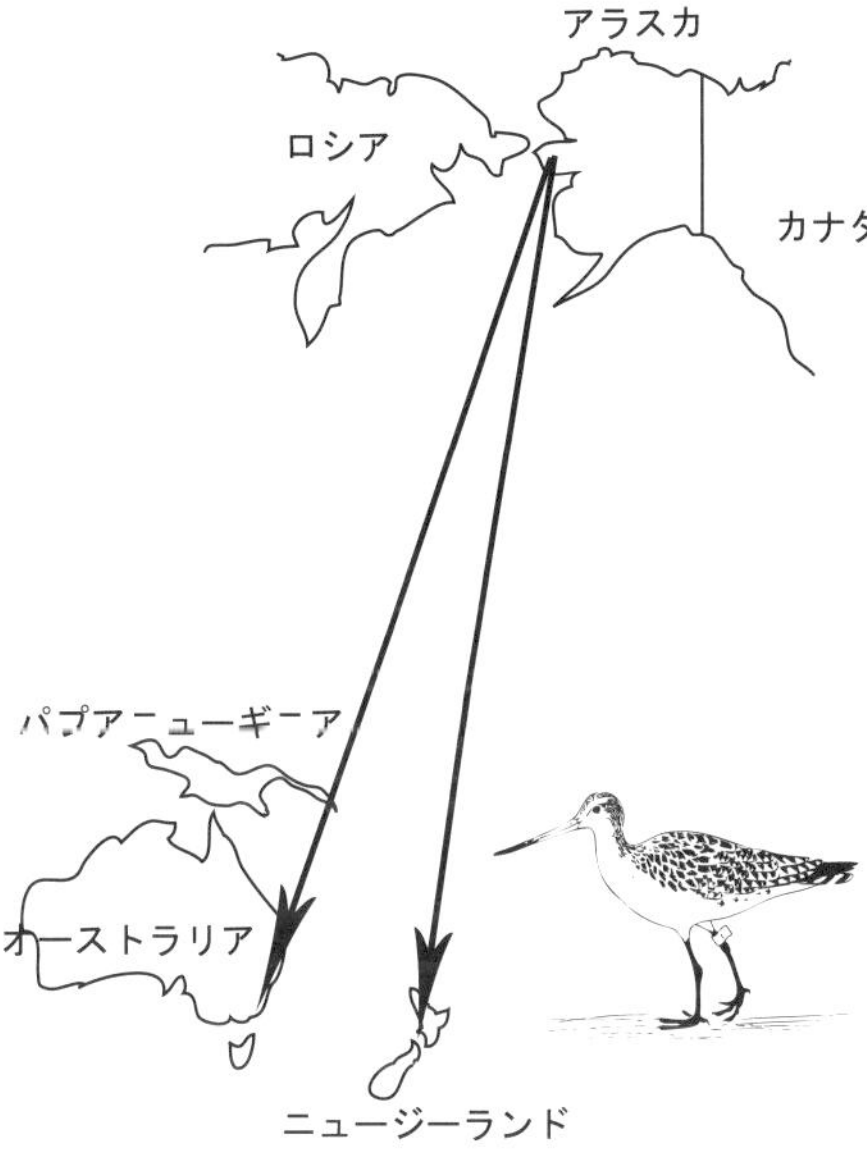

〈図２〉オオソリハシシギのアラスカからオセアニアまでの長距離ノンストップの渡り。テレメトリー（発信機）により途中、止まることなく移動することがわかった（Gill, et al. 2008を改変）。（イラスト：重原美智子、樋口広芳・成末雅恵著、岩波書店『湿地といきる』より転載）

も渡りをしないで、留鳥として、湿原の奥深くに棲んでいたのだ。なぜ、釧路の寒い真冬を越せたかというと、湿原の湧き水で氷が張らず、1年中魚などのエサを採れる環境であったからである。現在タンチョウは、手厚い保護を受けて1000羽を越すようになってきた。

つい最近、オオソリハシシギという渡り鳥（シギの仲間）が夏の終わりの8月に繁殖地のアラスカからオーストラリア東部付近まで、7000キロメートル以上を5日から9日かけて昼夜ノンストップで飛び続けることが報告された〈図2〉。最長でニュージーランド北部まで、

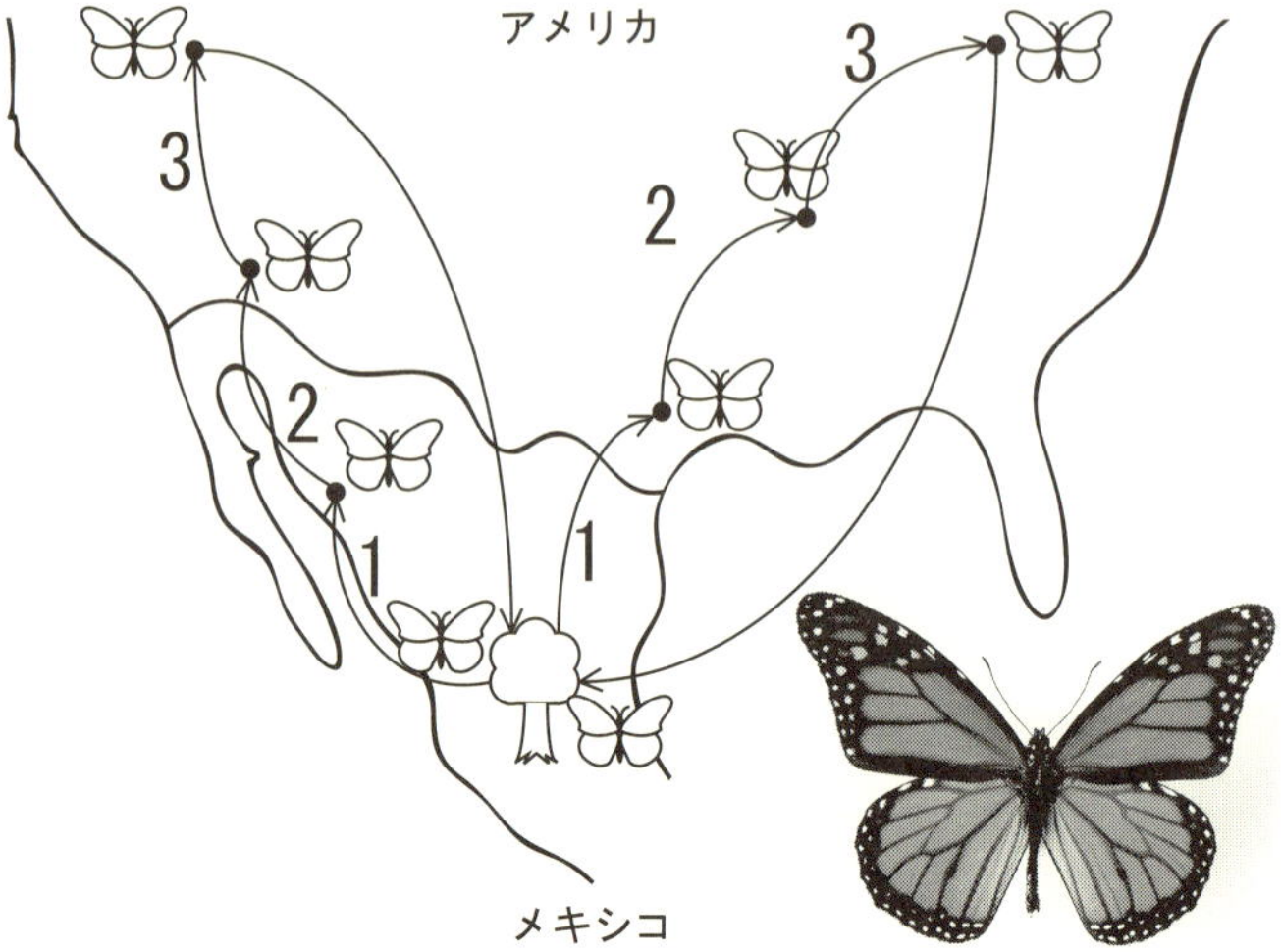

〈図3〉オオカバマダラの渡り。メキシコの越冬地（越冬の木）から春に渡りを始める。約3世代かけて北方まで移動するが、帰り（秋）は1世代で越冬地に戻る（オオカバマダラの写真：国立科学博物館提供）。

1万1000キロという長大な距離を無着陸で飛んだのである。このノンストップ飛行は、高度数千メートルの追い風を利用する。ただ、オオソリハシシギは特別としても、なぜこのような長距離飛行が進化できたかは分かっていない。

大規模な移動が生物全般にとって有利であることは、たいていの生物が行動力が許す限り移動する事実によって支持されている。たとえば、ふつうトノサマバッタは遠くへ飛べないのだが（孤独相という）、密度が極端に高くなると黒く長い羽を持つ群生相のイナゴになり、遠くへ大集団で移動する。チョウチョでは、例外的に長く飛べるオオカバマダラというチョウは渡り鳥も顔負けの季節移動を身に付けた。

オオカバマダラには、さらに驚くべき

生態がある。彼らの渡り行動は世代を超えて行われるのである〈図3〉。春以降に北上するときは3世代から4世代にわたって繁殖しながら移動する。これは食草を求めての移動であり、特定の目的地があるわけでもないので、別に不思議はない。ところが、南下するときが謎だ。世代を超えた個体、つまり、ひ孫やそのまた子供にあたるような個体が数世代前の先祖が出発したまさにその場所に戻ってくる。出発したのとは異なる個体がなぜ元の場所に戻って来られるのか。何しろ、行く個体と帰ってくる個体は数世代も離れているにもかかわらず、戻ってくる木まで同じなのだ。この謎の解明には多くの生物学者が挑戦しているが、いまだにそのメカニズムは明らかにされていない。

ちなみに、オオカバマダラが他のチョウに比べて長距離を飛べるのは、グライダーのように滑空できるからで、これはマダラチョウ科の特徴である。日本の山地によく見られる美しいアサギマダラや台湾のルリマダラも長距離の定期的な渡りをすることが知られている。しかし、これらのチョウの渡りには解明できない点が多く、とくに、渡りの起源は大いなる謎である。

「休眠」というタイムマシン

植物や定着性の動物など移動できない生物のもっとも単純なリスク回避の方法は、悪い時期を眠って過ごすことだ。環境が悪化すると、多くの植物プランクトンは休眠胞子を作り、動物プランクトンは休眠卵を作る。そして、環境がよくなると発生して増殖する。もちろん、秋から春まで休眠して越冬するものが多い。しかし、すべての休眠胞子や休眠卵が春に目覚めるかというと、そうではない。相当数の胞子や卵は池や湖の底で眠り続ける。そうすれば、突然、環境が悪くなって生きている連中が全滅してしまっても、その次の年に眠っていた休眠型が発生して繁殖できる。プランクトンの休眠胞子には、数十年以上も長い期間休むものもある。

時には、池のプランクトンは休眠して時空間をまたぐことがある。たとえば、池が何らかの理由で干上がると、プランクトンはみな休眠卵や休眠胞子となる。この卵や胞子は乾燥につよく、池の底の泥が完全に乾いても生きている。池の底がからからに乾くと、休眠卵や胞子は乾いた泥と一緒に風に乗って舞い上がる。そして、新しい池・湖や河川に運よく落ちると、そこで目覚めて、増殖が始まる。このように、乾燥胞子や乾燥卵は時間だけでなく、空間をも移動することがある。

もちろん、種子やプランクトンだけが、悪い時期をやり過ごす休眠ができるのではない。温帯から寒帯では、冬は厳しい環境なので、多くの生物が休眠する。樹木は冬には生長をストップさせ、暖かくなると生長を始める。宿根草《しゅくこんそう》は、冬に地上部は枯れるが根は生きていて、春になると芽を出して、再び生長する。昆虫や動物は越冬に際して休眠するものが多い。特に、多くの昆虫は、サナギや卵で休眠するが、キチョウやアカタテハのように成虫で休眠するものもある。稀であるが、オオムラサキやゴマダラチョウのように、幼虫はエノキの根元の落ち葉のウラで越冬する。砂漠や乾燥地帯では、乾季と雨季があり、多くの植物が雨季に生長して、乾季に休眠する。昆虫も植物に合わせて、乾季に休眠するものが多い。もちろん、砂漠地帯では、雨が降るまで何年も休眠していて、雨で地面が濡れたとき、いっせいに発芽して、草原を形成することがある。

体温を一定に保つ

悪い環境の影響を受けない他の方法をとる生き物もいる。その方法とは、環境変動の影響を感じないようにすることだ。恒温動物における体温の一定性や、植物の気孔開閉による水分のコントロールなど、生物は自分の身体を一定の状態に保つ術を知っている。

微生物のように小さい生物は環境変化の影響を等しく受けてしまう。例えば、気温の上下はそのまま微生物の体温の上下になるし、乾燥すれば微生物も乾くなど、外界の影響をそのまま受けてしまう。ところが、大きな生物では、環境変化の影響を少しでも和らげて、体温を一定に保つように進化してきた。

このような恒温動物の体温調節は体内の恒常性（ホメオスティシス）のよい例である。魚から進化した脊椎動物にとって、気温や水温の変動は大きな問題である。なぜなら、変温動物では体温の低下とともに活動が鈍くなるからである。活動が鈍くなれば、それだけ捕食活動は鈍るし、同時に捕食者に食べられる危険も増す。水中での温度変化は比較的緩やかであるが、魚から陸に上がって、両生類、爬虫類、鳥類あるいは哺乳類と進化するにつれて体毛を身に付けたり、体温が一定の恒温動物になったりしたのは、気温の変動の影響がより少ないほうが有利だったからに他ならず、生物が環境から独立しようとする進化の方向性を示している。

体温の恒常性の問題は、水中に生きる魚だけを見た場合にもあてはまることである。3万種におよぶ魚というのいちばん多様な脊椎動物のうち、軟骨魚類の頂点であるサメの一部と、硬骨魚類の中で最も進化した種であるクロマグロが、同じような恒温動物なみの体温維持システムを持っているのは偶然の一致ではない。陸棲動物では、空中を飛行する鳥類は最も体温が失われやすい。ところが、飛翔に使うエネルギーのために、体温を高温に維持する必要がある。哺乳類では、育児や敏捷な動きの確保から、体温の維持は欠かせない。このように高温に体温をキープすることで、外気温の変化の影響を最小限にしている。この環境からの独立と同時に、恒温性は敏捷な行動を維持するので、捕食などのリスクからの回避も兼ねているのであろう。

植物は、外界の影響をそのまま受けそうであるが、それでも、体内環境の調節機構がある。それは、気孔開閉による湿度調節である。外気の湿度の変化に対して、気孔の開閉をすることによって体内の水分を調整している。また、葉の厚さや葉の表皮のワックスなど、水分の蒸散を防ぐ仕組みも発達させている。とくに、砂漠などいつも乾燥しているところに生育する植物は、葉っぱから水分が蒸散しにくいようになっている。もちろん、この水分調節は温度の安定化にも役に立つ。

群落という戦略

植物は動けないなりに、植物群落という方法で環境変化を緩和するユニークな進化を遂げている。

多くの森林、なかでもいわゆる「原生林（人の手のはいっていない本当の原生林はすでに地球上にはないといわれるが）」と呼ばれる林の多くは、生物学的には「極相」を迎えた森である。「極相」は英語でいうと「クライマックス（climax）」、つまり、頂点である。ある土地を「植物群落」というまとまりとして見た場合、「裸地」つまり、何も生えていない裸の土地から植物がどのように繁殖していくかという移り変わりを「遷移」という。そして、その頂点（終着点）が極相である。裸地は気象の変化をまともに受けるが、草が生えて、木が生えて、植物群落の遷移が進むにつれて、気象の影響は緩和されていく。これは、気象という外界への依存性が徐々に緩和されていく、つまり、気象変動からの脱却である。

極相林は、気温や湿度、明るさ（暗さ）も一定で、森林の外の気象とは全く異なる世界となっている。このように、植物群落は、遷移が進むにつれて、外界の急激な環境変化を遮断して、環境が安定するようになってくる。暑い日差しのときに、森林内を歩くと、とても涼しくすごしやすいと感じた読者もいるだろう。あれが森林の気象緩和という戦略だ。ちなみに、動物学者のマーストン・ベイツは、名著『森と海の生態』の中で、森は海中の海藻林と同じように、外界の気象変化を緩和していると指摘している。植物群落自体は進化できないけれども、植物遷移は一種の「環境形成作用」とみることができる。

まったく生物がいない裸地は、気温や日射の影響をまともに受ける。雨の水もすぐに流れて乾いてしまう。ところが、まずコケや地衣類などの植物が生えてくる。これが第1段階だ。コケや地衣類の活動によって有機物が蓄積され、土地の保水性も増し、土壌の表層は日射を受けてもすぐには高温にならない。つまり、気温変化がわずかに緩和される。土壌が発達すると、微生物や動物が生息するようになり、やがて1年生の草本が繁殖して草原を形成する。これが第2段階。1年生草本は比較的背が低いが、徐々に多年生の草本に置き換わり、背の高い草原になってくる。草原になると、内部の環境は、草原の外より安定して、さまざまな昆虫や鳥、大型の動物も生息することができるようになる。特に土壌付近は裸地と比べるとその温度や湿度の変化は著しく緩和される。

草原がある程度生長すると、次に起こるのは木の侵入だ。まず、パイオニア・トゥリー（パイオニア樹種）と呼ばれる木としては生長の早い低木・灌木が侵入して、明るい林を形成する。これらの樹種は草に比べると生長が遅いが、草ほど日光を必要としないので、草の陰でも生長してしまいには、草よりも高くなって林を形成する。この明るい林は、草原に比べると格段に外界の影響が緩和されるが、さらに、遷移が進むと外界からの隔絶が進んでいく。

パイオニア林は、しばらくすると、たとえばナラやマツといった陽樹の林になる。これが第3段階。陽樹とは、文字通り日当たりのよい場所を好み、比較的生長の早い樹木である。陽樹が生長すると、暗くて湿った林床ができあがる。この林床では、陽樹の実生はなかなか育たない。ところが、ブナやカシのような陰樹の実生は暗くて湿った林床でも生長できる。陽樹林は、それら陰樹の苗木が生長して、徐々に陰樹が混じるようになり、最終的には陰樹がほとんどの森になる。これが極相林である。

極相林では、樹木は根が深く、土壌が発達し、林床は日当たりが悪いために湿度が高く、森林の構造は複雑で生物相はますます豊かになる。こうした荒れ地（裸地）から豊かな森への変化は、植物群落を構成する種が生長することにより、環境はどんどん変わっていった。これは環境形成作用の積み重ねと見ることができる。その意味では、植物も環境に対してまったく受動的なわけではない。環境形成力の低い草や灌木は、高い繁殖力によりどんどん増えて広がろうとするバクテリア型（マンボウ型）で、一方、極相林の樹木は、安定環境を形成してリスク回避する哺乳動物や人間のようなもの（サケ型）とみなすこともできる。

集団で越冬

昆虫や動物も厳しい冬の環境を1匹で過ごせば、死亡リスクは高い。そこで、集団で越冬することによって、死亡リスクを低減しているものもいる。

秋も深くなると、木造の家の中にテントウムシやカメムシが越冬するためにたくさん入ってくる。ある年の9月に長野県の軽井沢で寮のようなところに宿泊したときのことである。泊まった部屋の天井や柱の角がテントウムシでびっしり埋まっていた。少なくとも数千匹はいたはずだ。川崎の自宅でも10月を過ぎるとたくさんのテントウムシが入ってくるが、これほどのテントウムシが集まっているのをそれ以来見たことがない。また、いつか忘れたが泊まった部屋にカメムシが数百匹越冬しているのを見つけたこともある。このように、集団で冬を越す生物はいろいろい

〈写真４〉ジュウジナガカメムシの越冬集団（写真：藤崎憲治・京都大学）。

る〈写真４〉。

アメリカにいるときに怖い話を聞いた。それは、猛毒をもつガラガラヘビの越冬巣についてだ。それまで私は知らなかったのだが、ガラガラヘビは、毎年、同じ岩穴に集まって越冬する越冬巣を作る。ニューヨーク州やイリノイ州のようにガラガラヘビの少ない地域では、この集団越冬巣が点在しているために面白い現象がおこる。ガラガラヘビは、春になると越冬巣から、これから夏の間自分のすごす場所へと移動していく。ところが、ヘビの移動能力には限りがあるので、この越冬巣からはそれほど遠くへはいけない。そのため、ガラガラヘビの分布は、いきおい越冬巣から最大移動距離内の同心円状の内側になり、その外では全く見られなくなる。逆に言うと、ガラガラヘビの夏の分布を調べると、その中心には越冬巣、つまり越冬洞窟があると推定できるのである。

私の友人であるガラガラヘビの研究者（ヘビ好きのマニアでもある）が、その生態についての講演の中で「ガラガラヘビ玉」の写真を見せたことがある。100匹近いガラガラヘビが洞窟の中で文字通り絡まりあっているのだ。この写真は、おそらく世界でもっとも気味の悪い動物写真のひとつだろう。それで、思い出すのが、インディ・ジョーンズの映画の1シーン。ジョーンズが砂漠で穴に落ちたら、ヘビの巣窟で、とてもあわてていたシーンである。その映画を見たときには、なんて荒唐無稽なんだろうと思っていたのであるが、現実に正しいシーンなのであった。参考までにいっておくと、インディのシーンはガラス1枚隔てて撮影したそうである。

動物には、越冬のとき以外にも集合するものがある。例えば、毛虫の巣（集合巣）がそれである。アメリカシロヒトリや通称サクラケムシ（モンクロシャチホコ）の集合巣は有名である。最近、北海道に侵入してきたオオモンシロチョウも、幼虫は集合巣を作る。そのため原産地のヨーロッパではキャベツの大害虫である。中部山岳地帯に生息するミヤマシロチョウや北海道のエゾシロチョウも幼虫は越冬時に集合巣を作って中にこもっている。このように、昆虫は集合したり、巣を作って環境に対応しているものが多い。

育児というリスク回避

大きな卵は生存の可能性を増加させるが、それでも、多くの卵は結局死んでしまう。そこで、編み出されたのが、生まれた子供を大きくなるまで育てる方法だ。

脊椎動物では、様々な育児法が開発されてきた。まず、魚類では、トゲウオ目の多くの魚に、オスによる子育ての習性が発達している。カミソリウオ科のタツノオトシゴやヨウジウオでは、育児囊があり、オスが仔魚を育てる。同じカミソリウオ科のカミソリウオやニシキフウライウオでは、逆に、メスのお腹に育児囊があり、子育てをする。淡水魚でもスズキ目カワスズメ科のシクリッドの仲間は育児をする。エンゼルフィッシュ、ディスカスなどの有名な熱帯魚もこの仲間である。特に、口の中で卵や稚魚を育てる口内保育（マウスブルーディング）の繁殖をする魚をマウスブリーダーという。海水魚にもマウスブリーダーはたくさんいる。テンジクダイ科のネンブツダイやテンジクダイは、オスの口の中で稚魚を育てることでダイバーの間では有名だ。

爬虫類でも、育児が発達した。かつては「恐竜は育児をしない」が、定説だった。ところが近年、恐竜の多くは育児をしていたとする説が主流になってきている。もちろん、現存の爬虫類でも、ワニの仲間は、卵や幼体の保護を行う。また、爬虫類の中には、カナヘビやマムシのように卵胎生のものが多数いる。爬虫類から分化したといわれる鳥類はすべて卵生であるが、ほぼすべての種が子育てをする。カッコウやブラックバードのように子育てを他の鳥にしてもらう横着ものもあるが。

脊椎動物で最後に出現したのが哺乳類である。現生の哺乳類にはオーストラリア大陸のカンガルー、ワラビー、コアラに代表される有袋類と人間、ネコ、イヌ、ネズミなどの有胎盤類がある。有袋類は、とても小さな未熟な状態で生まれた子供を、育児囊というお腹にある袋で育てる。育児嚢には、中に乳頭があり、赤ちゃんは自分で乳頭を咥えて母乳を吸う。有胎盤類は、体内の胎盤で子を育てて出産するので、出産したときの赤ちゃんは大きくなっている。しかし、まだ、エサを採る能力がなく、さらに、母乳で大きく育てる。

このように、動物には、子供の数を極端に少なくして、育児を長期化させる傾向がある。これは、ひとえに、死亡率を下げるというリスク回避の適応だ。育児のような子供の保護は、脊椎動物以外でも昆虫や様々な動物に見られる。アリやハチ、シロアリなどの巣は基本的に集団育児であり、巣は協同育児団地ともいえる。育児は巣を必要とするので、次章で述べる巣による環境からの独立と密接に関係している場合が多い。

第十一章　環境改変

「巣」という環境改変

環境からの独立には、周囲の環境を自分に合ったように改変していく方法がより有効である。集団による環境形成は、集まることによって変わる場合が多いが、「巣」は周囲を作りかえることにより、環境を自発的に変えていく糸口である。巣は自分が最も長時間いる場所であり、動物はその改変を様々な方法で行っている。

前章で述べた越冬集団などは集合巣とも言えるが、多くの生物は集団でなく、単独で、巣をつくる。セセリチョウの幼虫はススキなどの食草を丸めて、その中に棲んでいる。高校生のころ、川崎の多摩丘陵の自宅で、ススキにいるイチモンジセセリの幼虫を見つけたので、ススキの植木鉢を作り、部屋で飼っていたことがある。ところが、幼虫の糞が部屋中に散らばっているのでどうしたのかと思っていたら、あるとき、幼虫が糞をしている現場を見つけて納得した。幼虫はススキの葉を筒状に丸め、その中に頭を下にして入っている。それがもぞもぞと後ろ向きに這い上がってきて、お尻だけを葉っぱの先からちょこっと出して、糞を大砲の玉のように発射したのである。どうりでそこらじゅうに散らばるわけである。こうして糞を散らばせることによって、捕食動物に巣の位置をわからなくさせている。これも、鳥などの捕食動物に巣があることを悟られない対応かもしれない。

魚にも巣を作る種がいる。トゲウオ科のイトヨ、ハリヨ、トミヨの仲間は、水草の間に枯れ葉や水草の欠片などを口で運び、腎臓から出した粘液で固めてゴルフボールくらいの巣を作り、その中に卵を産む。メコン川原産のベタも同じように自ら作った巣に産卵する魚だ。パプアニューギニアの海に棲む「囚人魚」は特別変わりダネだろう。これは独立した科の魚で、ダイバーには人気なのだが、その奇妙な生態が明らかになったのは21世紀になってからだった。彼らはサンゴ礁の砂の中に、直径10センチ、長さ10メートル以上の巣穴を掘り、親魚と数千尾の子供が1年半も一緒に暮らしている。どうやら子供が親魚を養っているらしい。詳しい生態は調査中のためまだよくわかっていないが、もしかしたら、巣を作ったおかげで、近縁種のなかで囚人魚だけが生き残ったのかもしれない。

そもそも安全な場所を確保する巣の利用は、進化の方向性からすれば必然的だが、環境からの独立という点では重大な事象だったといえる。なぜそれほど巣が重大な出来事だったかというと、「学習能力」を必要とするからである。個体が経験する環境は変動しているので、生息場所も時々変化する。巣という、ある決まった場所をベースに行動するためには、位置を覚えて推論する能力がいる。こちらはいわば「情報」による適応である。コウモリの洞窟では、洞窟内は環境変化・変動は想定されていなかったが、洞窟の外は絶えず変化している。カリバチの仲間は、地面の石ころなどを目印として覚えていて、巣穴に戻るが、目印を動かされると巣穴に戻れなくなる。

巣の利用が学習能力を伴うように、巣作りのレベルも学習能力によって左右される。たとえば、ハバチが巣とは呼べないような一時避難所的なねぐらしかもてないのに比べて、ミツバチが立派な巣を作るのはひとえに学習能力の差による。ハバチよりミツバチの学習能力の方が高いことは、ハバチは単独でふらふらしているだけだが、ミツバチは複雑な集団行動をとることからも明らかである。

エサの環境も巣作りの形式に影響する。同じ哺乳類でも、エサを求めて移動を続けなければならないシカのような動物は決まった場所に巣を作れないが、リスのように狭いエリアの中だけで十分間に合うような場合は、定住のための巣を作ることができる。リスは地面に穴を掘ったり、木の洞に隠したりして、エサを貯食する。この貯食により、環境の変動に対する備えはシカより上だ。ちなみに、ドングリの繁殖はリスの貯食と深い関係がある。つまり、リスが土に埋め食べ忘れてしまったドングリの種子が、発芽して繁殖している。

エサの環境が巣作りに影響する例としては、サルも同じだ。森林性の猿類が巣を作れないのは、シカと同じくエサのために移動を続けなければならないからだ。加えて、サルにはヒョウ、ジャガー、ピューマなどの木登りを得意とする肉食獣に襲われる恐れがある。それもサルがひとつの巣で暮らせない要因のひとつである。

「家」とは何か

生物の巣は、はじめは夜のねぐらや越冬場所だったりと、一時的なものだった。しかし、だんだんと環境に創意工夫を加えたものになっていった。そして、ついには、洞窟のような借用ではなく、何もないところに巣を作るようになった。アリやハチ、あるいは一部の鳥や哺乳類のように、積極的に巣作りを行うものが現われたのだ。これは巣の利用という行動のさらに一段上をゆく飛躍的な進化である。というのは、動物がようやく自分のために「家」というまったく新しい建造物を自らの手で作り始めたからだ。その意味では、「家作り・建築」は最も進んだ環境からの独立といえる。

まず、アリやハチの「家作り」について考えよう。北海道大学の坂上昭一（故人）が昔、ハチの仲間の巣の進化を研究していたが、はじめは崖に掘ったとても単純な穴から、だんだんと建築物、つまり家に進化していった様子が、ハチの巣、つまり家の進化史の名著『ミツバチのたどったみち―進化の比較社会学』に描かれていた。見事な巣を作るハチやアリは昆虫の中でも最も進化したグループだ。アリの巣には多数の部屋があり、数多くのアリが棲んでいる。熱帯地方の地面からニョキニョキと生えたシロアリのアリ塚は、巨大建造物である〈写真5〉。

巨大建造物では空調などの環境コントロールは怠れない。地下深くまで掘られたアリの巣は、1年を通じて気温はほぼ一定に保たれている。また、ミツバチの巣が日射によって高温になったときの「羽扇風機」による空冷（空調）システムは有名である。ミツバチは冬になると筋肉を震動させて発熱しながら密集して巣を温め、逆に、猛暑のときは巣の入口から羽で風を送り込みエ

〈写真5〉シロアリの建築物。左：オーストラリア北部のカテドラルシロアリの巨大巣。右：インドネシア、カリマンタンのシロアリの巣の断面（写真：松本忠夫・放送大学）。

アコンのように巣を冷やすことが知られている。さらに驚くべきことに、暑くなると巣の中に水をまき、空気の循環がよくなるようにハチの多くが巣の外に出てしまう。この行動は養蜂業者などから「ハチの夕涼み」と呼ばれている。

　哺乳類でも、プレーリードッグやマーモットなどの地リスの巣はアリの複雑な巣にも匹敵するかもしれない。巣穴をすべて自分たちで掘って作り、入口と出口の高低を利用した空気の対流などいろいろ工夫した空調管理をしている。

　人間はサルと違って、環境が変化したせいで地上に降りて定住生活を営んだ。アフリカのサル（類人猿）が木から降りて地上での生活を余儀なくされたときに、主に洞窟を巣として、狩猟を中心とする定住生活を始めた。この定住生活が、サルがヒトへと進化するきっかけとなったのかもしれない。もちろん、二足歩行をはじめ、火や道具の利用といった行動が人類の進化につながったという側面はあるだろう。しかし、それらはあくまで従であり、主たる理由は環境の変化を減らせる巣の利用にあったのだと私は思う。

南アフリカのモザンビークを南端として、アフリカ東部を通ってエチオピアから紅海のアカバ湾に至り、そこからさらに死海、トルコを経てアナトリア高原へと続く総延長7000キロメートルの巨大な地溝帯がある。この溝は数百万年前に現われた最古の人類である猿人のアウストラロピテクスから数万年前まで生きていた旧人のネアンデルタール人まで、連綿と続く旧石器人の遺跡の宝庫で、そのほとんどは洞窟である。人類の進化は洞窟とともにあったといっても過言ではない。定住生活は集団での狩猟生活が可能になり、そのためには学習能力が要求された。さらに、火や道具の利用といった文明の発展に、安定した生活は貢献したはずである。

猿人、原人、旧人とつらなるヒトへの進化は何百万年という時間の中でゆっくりと起こっていった。そして、約20万年前、ついに現生人類、ホモ・サピエンスが登場し、約10万年前頃からアフリカを出て南極を除く地球上に約5万年をかけて行き渡った。これほどの急速な拡散は生物として異例中の異例である。この事実だけでも、ホモ・サピエンスがそれまでの旧人よりもはるかに優れた能力と技術を持っていたことがわかるが、この時点では旧人の暮らし方とそれほど変わったとはいえない。当時（原始時代）のホモ・サピエンスは、道具としてはまだ石器を使っており、狩猟採集民であった。現代社会と当時の様子を比べれば、その差は歴然としている。

農業は大きな一歩

人類に飛躍的な文明の進化をもたらしたものは農業だった。農業は家作りと同じように、自らの手で環境を変える行動である。農業の利点は、家がとても狭い地域での環境変革であるのに対して、広大な地域の環境変革をすることである。人類が洞穴を出て、家に定住を始めたのと農耕の始まりが同時期だったのは決して偶然ではない。家を作って生活する場所の環境を自らの手で変え始めたのと同じように、ホモ・サピエンスは食料環境を自分たちで積極的に変えることに成功したのである。

では、なぜ人類は農業を始めたのか。これから述べる説明は、まだ、科学的に検証されたわけではないが、私はたぶんそうではないかと想像している。人類が農業を始めたのは、そうするほかなかったのだ。環境が変わったせいで、食料危機に見舞われたのだ。人も最初は動物を狩ったり、木の実を集めたりして暮らしていた。日本では縄文期の狩猟採集民がそれに当たる。ところが、気候が寒冷化したせいで、草食動物が減ると同時に、イネ科の植物が急激に増えた。イネ科の実は保存が利く。狩猟と同時に、穀物を集めて貯蔵できるようになった。そのうちに種を蒔いて、一部の人類が植物を育てることを覚えたのだろう。その地域ではおそらく農業をやるか、絶滅するかという窮地に追い込まれていたに違いない。このように、人はやむにやまれず農業を始めたのである。

〈図６〉環境改変と家の進化の仮説。（１）森林での狩猟採集では、「巣」は持たなかった。（２）草原に進出して自然の洞穴を巣（住居）に利用した。（３）農耕に伴い、畑の近くに自分で「家」を作った。

農業を始めるということは、畑を管理することである。そのために、遠くの洞窟ではなく、畑の近くに定住する必要がある。それが、家の建築を発展させたのだと私は思っている。そして、農業と家の建築は、生物としての人間がすべての生活環境を改変する最初の機会だった。

最初は草だけでできたとても簡単な家から始まったと想像される。草から木を使う木造建築へと進化していった。やがて、農業の普及と並行して、高床式木造建築など様々な工夫が行われた。また、石の利用できるところでは、石造建築へと進化した。さらに、乾燥地域では、泥や土をこねてつくるレンガが発明されて、レンガ建築が隆盛を極めた。このようにして、人類による家の建築が世界中に広がっていった〈図６〉。

家には空調設備が必要だった。熱帯では、風通しのよい、涼しい家が作られ、寒冷地では、気密性の高い、火による暖房の効いた暖かい家が作られた。日本のように、冬は寒く、夏は暑いところでは、冬の暖房と夏の空調の両方が発達したにちがいない。

家とともに環境からの独立に寄与したのは、衣服である。衣服は、肌が直接日光を受けたり、草や木の枝に触れるのを防御するために発達したのだろう。つまり、直接、外界の環境に触れることを避けるためである。後に北方へ進出するにつれて、衣服は特に重要な防寒具として発達した。衣服は人類にとって、もっとも隣接した部分での環境依存性の低減である。

人類が農業を行い、家畜を飼い、家に住み始めたことは、環境からの独立という生物進化の方向性からすると、かつてないほどの大きな一歩だった。このときに人類は他の生物が決して足を踏み入れられなかった世界に突入したのである。それは、環境からの独立ではなく、「環境自体の変革」の始まりだった。

その後、人類は農業を広め、森林を伐採し、灌漑《かんがい》を行って、畑を耕し、家を立派にし、加速度的に環境を作り変え、都市文明を築くに至る。それはやがて集団で土地を所有するという概念へと発展し、個人の家だけでなく、集落や国といった共同体を作り、協力しながら環境の不確定性に対抗するようになっていった。

農業のような環境改変は人間特有と思いがちだが、ほかの動物でもいくつかそのような例が報告されている。もっとも昔から分かっているのが、ハキリアリのキノコの栽培農業である。ハキリアリは、植物の葉を切り取って集めて、巣に持ち帰り、キノコの苗床にする。また、シロアリにもキノコを育てるのがいる。さらに、キクイムシにもカビを育てるものがいることがわかっている。キクイムシは木に穴を開けて、カビの1種を持ち込み、そこで育てて、その上で産卵する。もちろんキクイムシに菌を植え付けられた木は枯れていくのでよく問題になる。

また、魚類にも農業に類する行動が知られているものがある。友釣りで有名なアユは、早春か

〈写真７〉沖縄に棲むクロソラスズメダイ（写真右上）とその農場（写真中央付近）。（写真：畑啓生・近畿大学）。

ら初夏にかけて河川の中流域の早瀬で縄張りを作る。縄張りは約１平方メートルくらいで、その中で石や岩の上に育つ藻を採食するが、藻の再生産がうまくいくように調節しながら採食していることが知られている。河川のアユが高密度になり、縄張りが崩壊したときに群アユになる。縄張りアユが管理しているときの藻の育ち方と、この群アユが藻を採食したときの種類や量は、全く異なる。縄張りアユは藻の種類も量もコントロールしているのだ。兵庫県立大学の田中裕美らと共同で私はこのアユの縄張りの形成・崩壊の機構を明らかにした。ここで分かったのは、群アユは狩猟採集型で、縄張りアユは縄張り内の食料を管理している農耕型だった。

最近、沖縄の海水魚で面白い研究が報告された。それは、近畿大学講師の畑啓生《はたひろき》による農業をする魚の発見である。沖縄のサンゴ礁に棲むクロソラスズメダイはサンゴの上にイトグサという藻の1種を育てて、食料にする〈写真7〉。この藻はどうもクロソラスズメダイが長い年月をかけて品種改良を行ったようで、この魚の畑にしか生育していない特別なものだ。さらに、この魚はこのイトグサを食べないと生きていけないし、イトグサはこの魚の世話でしか生育できないという密接な共生関係になっている。

医療という環境改変

環境への依存度を減らすことが生物進化の方向だとすると、人間が生物の頂点にいることは明らかである。たとえば、農業ひとつをとっても、その変革は留まるところを知らない。灌漑に始まり、乾燥地域での散水、農薬散布と様々に変革していった。そして、ビニールハウスや無菌培養といった閉鎖空間や室内での農業も発達した。水産業も、魚を捕る漁業から魚を育てる栽培漁業へと変わりつつある。もちろん、栽培漁業では、海洋に生簀を組むものから、陸上の室内で飼育するものまで様々である。

農業や漁業だけではない。人類は巨大な巣ともいえる都市も形成した。都市は「家」という環境から独立した住居の集合体が巨大化していったものだ。その他、自動車、鉄道、船、飛行機ひいては宇宙船といった移動・交通機関も発明・発達させていった。

産業革命により工場が成立し、電気やガスの供給、様々な工業製品が登場した。衣服もはじめは、毛皮のような狩猟による副産物から、木綿や絹、羊毛といった農業製品へ、そして、ナイロンなどの工業製品へと進化した。

人間の進歩は、留まるところを知らない。天気予報による気象変化の推定、さらには、北京オリンピックで知られることになった大掛かりな気象改変の試みもある。水力発電から、石炭・石油による電力、そして、原子力エネルギーの利用へと大きく広がっている。最近は、風力、太陽光による発電など自然志向の発電も増えている。

このように、あらゆる観点で、人類は自然環境からの脱却を目指している。都市で生まれて、都市で育ち、自然を知らない大人たちが増えたことも、自然環境からの脱却の証左といえるだろう。環境からの独立という観点からみると、これら人間の進歩は、環境不確定性の低減がその主な機能である。まず、農業では、「食料」に関する不確定性を低減させている。そして、洞窟から家、そして都市への発展で、「住むところ、住居」に関する不確定性を低減させた。さらに、乗り物の発達も「移動」に関する環境依存性の低減である。天気予報や天候改変は、もちろん、「気象」に関する環境依存の変動に対応している。

死亡率の回避でも人類は際立っている。病気や怪我による死亡率が医療や薬の進歩のおかげで激減した。医療は、環境からの独立という点では、「移動」のように「逃げる」リスク回避である。人類はさらに予防医学も進歩させてきた。これは、あらかじめ予期されるリスクに対処する点で、さらに一歩進んでいる。幼児・子供の死亡率が激減したことにより、1世帯当たりの子供の数も激減している。

子育ても、近代化に伴って、多産から少産へと適応戦略は変わった。日本では明治・大正時代の農村では1世帯当たり子供の数は5人をくだらなかった（『人口の動向　日本と世界―人口統計資料集―1999』）。ところが、医療の進歩とともに、子供の数はどんどん減り、今では、平均2人を大幅に切って、約1・37人だ（二〇〇八年度）。これは、子供の生存がほぼ保障されているとともに、子供1人当たりの教育費の高騰や資産の分配問題から、子供が多いと、子供の将来の社会的ステイタスが低くなるというトレードオフがあるからだ。子供を少なくして、教育費をかけて、資産を集中することにより、子供の将来性を高めている。東京大学の入学者の世帯平均収入が1000万円を超えている（森上教育研究所調べ、二〇〇九年）というのは、幼児期からより質の高い教育を受けさせるため、資金なくしては高学歴が得られないからだ。3人以上の子供は、医者をはじめとした裕福な家庭に多いのは、1人当たりの教育費や資産の分配に問題がないからである。

学習の進化

環境の変化に対抗するために、「学習の進化」はとても重要である。

20世紀中ごろ、イギリスで奇妙な事件が起こった。その頃、牛乳配達は、早朝各家の門（石造り）の上に牛乳ビンを置いていくのだが、ある時期から、フタが取れているビンが頻繁に見つかるようになった。犯人探しをしてみると、なんとシジュウカラやアオガラの仕業だった。野鳥たちは、牛乳ビンのフタをつついて開けると、そこには美味しい食料（ミルク）があることを発見したのだ。この行動は瞬く間に、イギリス全土に蔓延した。困った人間たちは、門柱に置かない牛乳箱を作ったり、フタをアルミにしたり、様々な対策を採ったという。こうした野鳥たちの学習行動が、どのようにして全土に広まったかは、誰にも解明できないままのミステリーである。

日本では、宮崎県にある幸島《こうじま》に棲むニホンザルのイモ洗いが有名だ。一九五三年秋に、1歳半のメスが谷川の水でイモを洗って食べることを憶えると、冬には4頭にその数が増えた。その後、彼らは海水を利用するようになった。4年後の五七年には群れの52％、六二年にはなんと年長の9頭を除くすべて（71％）がイモを洗うようになった。1頭の新しい行動が、群れ全体の「文化」となったのだ（宮地伝三郎『サルの話』）。

こうした学習行動は、人間を中心とした脊椎動物の特性と思われているが、実は昆虫や他の生物にもしばしば見られる。昆虫ではミツバチの学習は有名だが、実は巣を持つ昆虫はすべて「巣の場所を憶える」という学習をしている。さらに、多くの昆虫でさまざまな学習をすることが分かってきている。

一九七八年、進化生物学者のマーク・D・ラウシャーは、アオジャコウアゲハの産卵行動に関する研究を『Science』に発表した。アオジャコウアゲハは、北米に産するジャコウアゲハの仲間で、メスは産卵する植物を探すときに、今まで頻繁に出会ってきた食草のシルエットを憶えていて、その形をした葉っぱを探索していくという。つまり、稀な食草より、たくさんある食草のほうが探索効率が上がる。同様に、昆虫行動学者のロナルド・J・プロコピィらは、リンゴミバエやサンザシミバエの仲間の1種が、リンゴや野生のサンザシの匂い（化学物質）を学習して産卵場所を選択することを発見した（一九八二年『Science』に発表）。その後、北米のモンキチョウの1種（日本のミヤマモンキチョウに近い）で、蜜の多い花の色を学習することが分かった。このように、単独性で巣をつくらない昆虫でも学習行動は頻繁に見られる。

実は私の研究の端緒も、このような昆虫の学習行動の研究だった。一九八〇年頃、東京都府中市にある東京農工大学農学部の学内農場でモンシロチョウを追いかけていたが、学習行動と思われる行動にしばしば出会った。たとえば、茶畑の茶の花を訪花しているモンシロチョウのオスが40分にわたって何度もひとつの花に戻ってくるのを撮影した。また、交尾しているモンシロチョウのペアに、単独のオスが追跡しているのに出会ったが、ほうれん草畑の中にペアが逃げ込み葉裏に隠れたら、見失ったオスは、その地点を基点にしてジグザグ飛行を繰り返し、十数回にわたって探索していた。これらの行動はすべて「学習」を抜きにしては説明できない。

また、次のような経験をした人は多いと思う。寝室に飛ぶイエカがうるさい。何度かはたくが、取り逃がす。すると、よく見るとカの行動が変化するのだ。まず、白い壁に止まっていたのが茶色い柱に止まるようになる。そして、椅子の足のような場所に移動、最後は、箪笥の裏に。まさに、危険な場所を学習しているとしか思えない。

学習行動をもっとも有効に発達させたのが人間である。次に述べるように、人間は、学習行動を教育（幼稚園から大学・大学院）として、成人になって自立するまでの生活史の中に組み込んでいる。

教育と科学と環境

教育は人類がとくに強く発展させた、環境変化への適応法である。教育は、社会性を学ぶためのシステムであり、その時その場の環境に合わせて、学ぶ内容を変化させていく。つまり、臨機応変な対応なのである。環境が変化すれば、それに対して教育も変化できるという点で、環境不確定性に対する万能の対処法といえるだろう。この教育を可能にしたのは、学習能力の向上で、この点では、ある環境に対して特定の応答をする従来の遺伝からの独立である。教育システムの発展は、そのような学習能力の高い人間をより有利に進めるための人類の知恵といえる。そして、幼児教育からだんだんと進化して、高等教育、大学・大学院と教育システムはより巨大化してきた。

教育システムの巨大化では、科学など学問の発展が大きくかかわっている。実は、科学も環境予測の一手段である。科学が発展する以前は、宗教がその役割を担っていた。宗教に予言など人間行動の指針が多いのは、それにより、環境を予測したり、人間社会の安定継続を果たそうとするためだった。宗教では、環境の予測性を経験的に織り込んで、その行動規範を作ってきた。ところが、科学は、科学的検証により、その予測性を飛躍的に高めたのである。

特に物理学は、その予測可能性の歴史ともいえる。従来の天動説では、経験的に星の運行を予測していた。それが、コペルニクスの地動説により、非常に簡単な予測理論に置き換えられると同時に、その予測精度、及び予測範囲が増加した。

ニュートン力学は、物質の運動を予測したが、これはマクロレベルの万物の動きに関する運動方程式である。その予測性はとても高く、マクロレベルの物質の運動をほぼ確実に描いていた。

ヴェルナー・K・ハイゼンベルクの有名な不確定性原理は、ミクロレベルでの素粒子の情報の精度の限界を示している（現在の解釈では、非決定性と呼ぶ）。

アインシュタインは「神はサイコロを振らない」といって量子力学の非決定性を否定した。これは正しくもあり、間違ってもいる。正しい点は、「素粒子の行動は決まっておらず、人の観察によって決まる」というとてもへんな量子力学の解釈を否定したことだろう。彼が間違ったのは、素粒子の行動を私たち人間が完全に知ることができると思ったことである。私たちはマクロレベルにいるので、「神」ではないのだから、ミクロレベルの素粒子の動きを完全に予測できないのだ。

気象科学などの予測性、カオスやフラクタルでの予測可能性など、科学は検証により、予測可能性を高めている。人間の科学活動は、その予測可能性を高める情報最適化であるが、人間は神ではないので、その限界を認識することも重要である。もちろん、学問や多くの社会活動は、人間社会の存続の安定性へと繋がる活動と見て取れる。文学・音楽や美術などの芸術も人間の心理的安定性に大きく寄与しており、科学と同様の機能を持つと思われる。

すなわち、人間のすべての活動は、何らかの点で、環境からの独立、安定といった意味がある。

そして、環境不確定性からの脱却という観点からは、人類が生物の頂点にいる。つまり、人類は、環境からの独立という点で、「特別な存在」であるといえるのだ。

さらに生物は、環境から独立するための方策、スーパーカードとして、「共生・協力」を進化させたのである。

第十二章　共生の進化史

協力し合って生き残る

共生の進化史は、環境からの独立の進化史でもある。厳しい環境変化に生物はどのように対応してきたのか？　答えは、「お互いの協力」によってである。共生は、様々な生物同士が協力して環境に対抗する方法である。環境変化には「1人」で対応するより「2人」、「2人」より「3人」で対応したほうが、その力は増す。様々な生物が、そのようにして、共生関係を築いてきた。生物の進化史は真正細菌や古細菌の作る共生系の膜状の群体、バイオマットに始まり、原核生物の共生による真核生物の誕生、多数の細胞が共生した多細胞生物へと進む。そして、動物に顕著な共生細胞の組織・器官への細胞分業、陸上への進出に伴う共生の強化、熱帯雨林など共生生態系の成立等々、まさに共生の進化史である。

共生することにより、過酷な環境へ新たに進出し、存続が可能になった。実際は、環境が変化し古い体制の生物が絶滅して、新しい過酷な環境に放り出された。そうして、長い時間ののちに、やむなく新しい共生法を編み出して、過酷になった新しい環境に適応した新しい共生体制を進化させた生物群が繁栄した。共生という手段はもっとも有効な生き残り方法だったのである。厳しい環境で存続することは、環境からの影響を少なくしたことと同じである。

ダーウィンの自然選択理論以来、「生存競争」や「弱肉強食」など、「勝てば官軍」思想が流行り、「強者」の進化が提唱され続けてきた。一方で共生は、生物学、その中でも生態学でわずかに扱われるだけで、今まであまり注目を浴びなかった。しかし、生物の進化からみると、共生は、古くから環境変化に対応する生物の知恵だった。生物は共生によりまず繁栄をするが、いつかは破綻して絶滅する。そして、しばらくしてまた、新しい共生システムが繁栄する。では、共生の進化を地質時代の移り変わりから見ていこう。

先カンブリア時代は古いほうから冥王代・始生代（太古代）・原生代と続き、その後、カンブリア時代にはじまる顕生代に至る。顕生代は、さらに古生代・中生代・新生代に分けられる。生命が誕生したのは、先カンブリア時代の始生代、約40億年前と推定されている。この生命の誕生以来、地質時代の生物の歴史は、まさに大量絶滅（大絶滅）の歴史である。

共生の歴史は非常に古い。先カンブリア時代の始生代、生命誕生自体が共生により実現したと想像される。起源の古い古細菌や真正細菌は、群生しコンソーシアム（共同体）を構成して太古の厳しい環境変化を乗り越えてきたと考えられている。コンソーシアムとは、複数種の細菌の集まりのこと。単独では生存できない個々の細菌には、環境変化に対応できる能力もない。数種の細菌類がマット（膜）状に群生して、各々機能（作用）を分担し、共同体を形成することによって存続してきたと思われる。今も温泉や海底の温水湧出孔にみられる嫌気性細菌のマット状の群生などは、先カンブリア時代に起源をもつ古い細菌類の共生体であることが近年わかってきた。このマット状細菌の群集は「バイオマット」と呼ばれ、そのコンソーシアムの形成メカニズムが、原初の生命誕生に関係するとして注目を集めている。

私たちの家の周りにある土壌にも、このような細菌類のコンソーシアムがみられる。近年まで、土壌細菌類の多くは、単離培養（1種類だけを取り出して培養すること）ができなかったために、あまり分かっていなかった。それが遺伝子解析技術の進歩により、土壌細菌のＤＮＡをまとめて抽出できるようになった結果、土壌には無数のコンソーシアムを構成している細菌群が存在することが明らかになったのである。

現生の生物群にも、同じように、共生することにより環境変化に対して有効に対応している生物がいる。藻類と菌類の共生体の地衣類（ライケン）だ。地衣類では、藻類が光合成を、菌類が栄養の分解と水分の供給を受け持っている。地衣類は、藻類と菌類の組合せのみでしか生存できず、それは絶対共生と呼ばれている。つまり、藻類だけ、菌類だけと別々には存続できず、お互いを必要としている関係にあり、藻類と菌類を合わせて、個体と呼ぶにふさわしい生物である。

写真などで見た人もいると思うが、亜高山帯の針葉樹林にぶら下がっている薄緑色のぼろ雑巾は、地衣類のサルオガセだ。サルオガセは、枝にぶら下がっているだけで、樹木からは栄養を得ることはない。水分（乾燥）や栄養、温度など多くの点で、変化の激しいとても厳しい環境にいるが、「共生」という関係により、そのような環境での生存・存続を可能にしている。

また、さらに上の草も生えていない高山帯の岩石の上によく緑っぽい花のような模様がある。

これも地衣類だ。地衣類は、他の植物が全く生育できない劣悪な環境へと進出している、とても環境変化に強い生物なのである。

真核生物の進化と多細胞化

真核生物は始生代末（原生代初期）に、原核生物の共生により進化したと推定されている。人も含めた動物や植物、菌類（キノコとカビ）などほぼすべての多細胞生物だけでなく、ゾウリムシやミドリムシ、アメーバなどの単細胞生物も真核生物である。

真核生物が原核生物の共生であるという理論は、一九七〇年、真核生物細胞の起源を説明する仮説、細胞内共生説として、現在、マサチューセッツ大学アーマスト校の地球科学の教授であるリン・マーギュリスにより提唱された。マーギュリスの仮説では、真核生物は、酸素呼吸ができる好気性細菌の細胞内にミトコンドリアや葉緑体など様々な細胞内小器官の起源となる細菌類が共生することにより進化したとしている。細胞内共生説は、細胞内小器官の膜構造が二重になっていることや、ミトコンドリアや葉緑体に独自の遺伝子が確認されたことなどから、現在では生物学の定説となっている。

真核生物では、細胞内の構造がすべてほぼ同じであり、共生系がとてもよく機能した結果であろう。従来の原核生物では、到底達成できなかった環境変化への対応が、この細胞内共生により可能になった。たとえば、ミトコンドリアはひとつの原核生物が共生して真核生物の呼吸器系をつかさどる細胞内小器官となったと推定されている。

このように、真核生物は細胞内共生により、それまで達成できなかった細胞内の恒常性を確立させることにより、環境からの独立の大きな一歩を踏み出したのだ。だからこそ、存続・繁栄して、現存のほとんどすべての生物が真核生物からなっているのだ。

真核生物は、さらなる共生を進化させた。多細胞化である。オーストラリアで発見されたエディアカラ生物群は、この多細胞生物群の化石のはじめての記録である。原生代初期には単細胞生物だったが、原生代末期には多細胞化した。多細胞生物は群体より強固な共生体とみなすことができる。生命の誕生でも細菌のマット状の群体が生存上重要であったように、多細胞化は、環境緩和としては重要なステップであったように思われる。

このように、先カンブリア時代の真核生物の進化や多細胞化は、なぜ起こったのだろうか？一番の可能性は、原生代の約22億年前から約5億5０００万年前にかけて何度か地球を襲ったといわれている全球凍結（スノーボール・アース）である。全球凍結は、文字通り地球全体が凍りつく気候大変動であり、生物の大絶滅に直結したことは、想像に難くない。真核生物や多細胞化は、わずかに生き残った生物によるこの最悪な環境を乗り切るための進化的発明だったかもしれない。

しかしながら、エディアカラ生物群も原生代末期に地球を襲ったV－C境界の大量絶滅によりほとんど絶滅してしまった（VとCとは、原生代末のヴェント紀―エディアカラ紀の別名―のVと古生代カンブリア紀のCから取っている）。そして、次に述べる約5００万〜6０００万年後の古生代カンブリア紀の「カンブリア爆発」まで、生物の痕跡はほとんどみられない。

古生代に入って、多細胞生物はさらなる飛躍を遂げることになる。

「カンブリア爆発」と絶滅・進化

約5億4400万年前、古生代カンブリア紀の初めに「カンブリア爆発」が起きた。もちろん、「爆発」といっても、実際の爆発があったわけではなく、三葉虫に代表される無脊椎動物の「爆発的な」多様化・適応放散が起きたという意味である。この時期から約5億500万年前までを古生代カンブリア紀という。その名前は、イギリスのウェールズ地方の古称、カンブリアに由来していて、そこで三葉虫をはじめとする無数の多種多様な無脊椎動物の化石が発見されたのである。昔は、生命の誕生は三葉虫などの多様な化石がでてくるこの時代からと思われていた。

「カンブリア爆発」は、共生生物の進化にとって重要な一歩だった。カンブリア紀以前のエディアカラ生物群は、たくさんの同種の細胞が集まって大きくなっただけで、特別な組織や器官を持たなかった。つまり、多細胞生物ではあるが、同じ細胞を積み上げただけで、細胞間の分化がほとんどみられなかったのである。海藻や原始的な多細胞生物が体の部分から大きな成体に簡単に再生できるのは、組織・器官の分化していない同じ細胞の集まりだからだ。

ところがカンブリア爆発では、多細胞化した細胞が組織や器官を発達させて、細胞間の分業という偉業を確立した。異なる機能を持つ組織・器官が集まって、個体全体の恒常性を保つわけである。カツオノエボシの群体のように、だんだんと各部分が特殊化して器官として変わっていき、多数の機能分化した組織・器官からなる1個体の多細胞生物となる。巨大共生系の誕生だ。

これは、真核生物における各々異なる機能を持つ細胞内小器官が共生するのと同じだ。地衣類でも機能の異なる藻類と菌類が共生して、高山の劣悪な極限環境での生存を可能にしたように、細胞組織や器官が分化して、活動効率を上げるということは、環境変動への抵抗性を増す上で、重要なのだ。

カンブリア爆発では、適応放散により無脊椎動物のほぼすべての体制が出揃ったことが、古生物学者のスティーヴン・ジェイ・グールドにより明らかにされた。オックスフォード大学生理学教授のアンドリュー・パーカーは、有眼生物（三葉虫）が爆発的な適応放散を引き起こしたという、「光スイッチ説」を提唱した。パーカーは三葉虫の眼という器官に注目して、それが環境への適応度を極端に増大させて適応放散が引き起こされたと考えたのである。しかしながら、カンブリア爆発における様々な体制の無脊椎動物群の適応放散を考えると、眼だけでなく、生物個体全体（全身）の組織・器官が分化することにより、生物個体のすべての面での効率や能力が増大したと考えるのが自然だ。つまり、無脊椎動物は、身体全体の組織・器官の分化により、恒常性がそれまでとは飛躍的に増大して、環境変化・変動にたいする耐性を著しく増大させたと考えることができる。

このように、カンブリア爆発は、まさに、細胞分業という次なる段階の共生体制の進化であった。だからこそ、エディアカラ生物群の大量絶滅の後、５００万〜６００万年もの期間を要したのかもしれない。

大量絶滅があるということは、その後には決まって生物の繁栄の時代がある。そのシナリオは以下のように考えられる。

①まず、大絶滅が起こると、それまで地球上で繁栄していた生物の多くが死滅するので、地球レベルで大きな空地、つまり生物のいない場所ができる。新しい空地の片隅にわずかに生き残った生物群が、細々と生き続ける。

②これらの生物の中から「新しい適応」を遂げた生物群が空地に侵入して急激に増殖して、地球上での分布を拡大する。つまり、「新しい適応」が適応放散を引き起こし、次の時代の生物の繁栄を築く。「カンブリア爆発」にみられる組織・器官分化は、細胞の分業という新しい共生体制の確立で、これがまさにこの時代の「新しい適応」だったのである。

「カンブリア爆発」以前にも共生体制の進化が「新しい適応」となり適応放散を起こした例がある。例えば、真核生物の進化やエディアカラ紀の多細胞生物もそのような共生体制の進化による「新しい適応」の例である。

地質時代からみれば一瞬の出来事、それがカンブリア爆発といわれる所以であろう。カンブリア紀以前のエディアカラ生物群やカンブリア紀中期のバージェス動物群のように、地質時代に、突如として現われる生物群も、絶滅後の新しい環境に適応した生物群が急激に分布を広げ、適応放散したのだろう。石炭紀のシダの大森林と昆虫の繁栄も温暖で湿潤な気候のために、爆発的な速度で起こったと考えられる。

顕生代に入ると、有名な5大絶滅が知られている〈図8〉。まず、第1の大量絶滅は、古生代

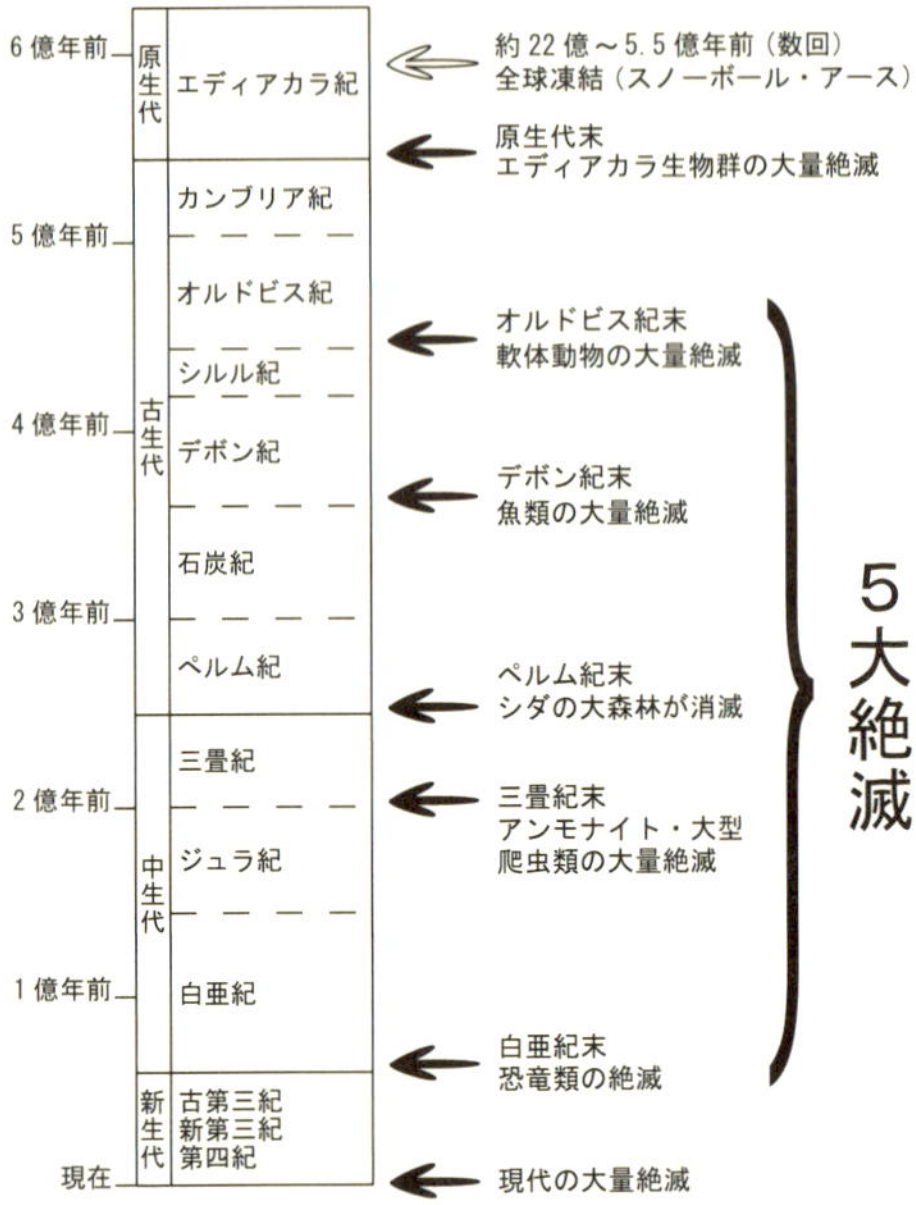

〈図8〉大量絶滅の地質年代表。大量絶滅のあとに新しい共生進化が起こる。

オルドビス紀末の軟体動物の大量絶滅。そのあとのシルル紀からデボン紀に移動できる魚類が繁栄し、植物の陸上進出が起こっている。ところが、デボン紀末には、第2の大量絶滅が起こり、魚類の多くが絶滅した。その後、石炭紀に陸上にはシダの大森林が形成され、後期には巨大昆虫が栄えた。新しい陸上に適応した共生生態系の成立である。

　ところが、その次のペルム紀（二畳紀）末のP－T境界（Pはペルム紀 Permian から、Tは三畳紀 Triassic から、それぞれの頭文字をとった）には、第3の大量絶滅が起こり、シダの大森林は姿を消した。この大量絶滅は、地球史上最大の絶滅といわれ、実に地球上の全生物種の90％以上が姿を消したと推定されている。このあとの中生代三畳紀には、高温・乾燥に適応した裸子植物と爬虫類が栄えた。

　ところが、三畳紀末には、第4の大量絶滅があり、海ではアンモナイトが姿を消し、陸上では、多くの大型の爬虫類が姿を消した。そして、その次がジュラ紀から白亜紀にかけて、恐竜が巨大化した時代だ。しかし、白亜紀末のK－T境界（KとTは白亜紀のドイツ語Kreideと新生代第三紀のTertiaryの頭文字）に第5の大量絶滅が起こり、恐竜類が絶滅した。

このあとの新生代は、もちろん、哺乳類の時代となる。植物では被子植物が栄えた。そして5大絶滅に続く第6の大量絶滅が、現在進行中の人類による環境破壊によるものである。ピューリッツァー賞を2度受賞したことのあるハーバード大学名誉教授（昆虫学者）のエドワード・O・ウィルソンは、『生命の未来』でこう書いている。

「いま、どれくらいの絶滅が起こっているのだろうか？　研究者の見解がおおむね一致しているところによれば、人類が環境にかなりの圧力をかけはじめる前と比較して一〇〇〇倍から一万倍と、破局的と言えるほど高い率で起こっている。（中略）この祖先たちの道具の改良と、高い人口密度と、おそろしく効率のよい野生動物狩りが、今日の絶滅の波の端緒となったのである。」

植物と組織分化

植物でも、無脊椎動物にみられたような組織分化が進んできた。特に古生代シルル紀に陸上に進出するにつれて、器官の分業が進化した。海藻などの水生植物では、多細胞生物でもその組織分化はほとんど見られない。たとえば、私たちがよく口にする海苔は、根・茎・葉の分化が明確ではない。ワカメや昆布では、葉の真ん中にわずかに太くなった茎が認められるが、その境界はあいまいだ。また、ほとんどの海藻は根にあたるものがほとんど発達していない。さらに、葉の細胞は単純な多細胞の層になっている。海藻類は、一般に、同じ細胞を積み重ねた多細胞生物であり、各細胞の特化のレベルは低い。だから、海藻はちぎっても、育てればまた成体へと生長させられる。

植物は、海産の多細胞植物から根・茎・葉という細胞・組織の分業により、乾燥しやすく、過酷で厳しい陸上環境への適応を成し遂げたのだろう。

まず、最初に上陸を達成した（実際には水位が下がって上陸させられた）のが蘚苔類《せんたい》（コケ類）である〈図9〉。蘚苔類は、スギゴケなどの蘚類とゼニゴケなどの苔類の2つに分けられる。苔類は、まだ、海藻と同様、根・茎・葉の区別はほとんどない。しかし、乾燥に耐える表皮が発達した。表皮はクチクラ層により、水分の蒸散を防ぎ、植物が枯れるのを防ぐ陸上植物のもっとも重要な進化である。

表皮の次は気孔だ。一部の蘚類では、葉様の部分に気孔の原型が分化したものもある。気孔は、水分調節のための表皮細胞の開口部。乾燥を防ぐ表皮と水分の蒸散を調節する気孔の2つにより、乾燥という問題を和らげ、陸上生活が可能になった。その後の植物では、この気孔が葉の水分調節を担っている。

水分調節の次は、根・茎・葉の分化である。まず、直立して生えるスギゴケに代表されるように、蘚類では茎のような部分と葉にあたる部分の分化が貧弱であるが、根も不完全ながら見られる。これら蘚苔類のあとにシダ植物が進化して、根・茎・葉の分化が完成した。

根は、地中の水分や無機養分を集めるように、地中に長く広く伸ばした。葉は、太陽の光を浴

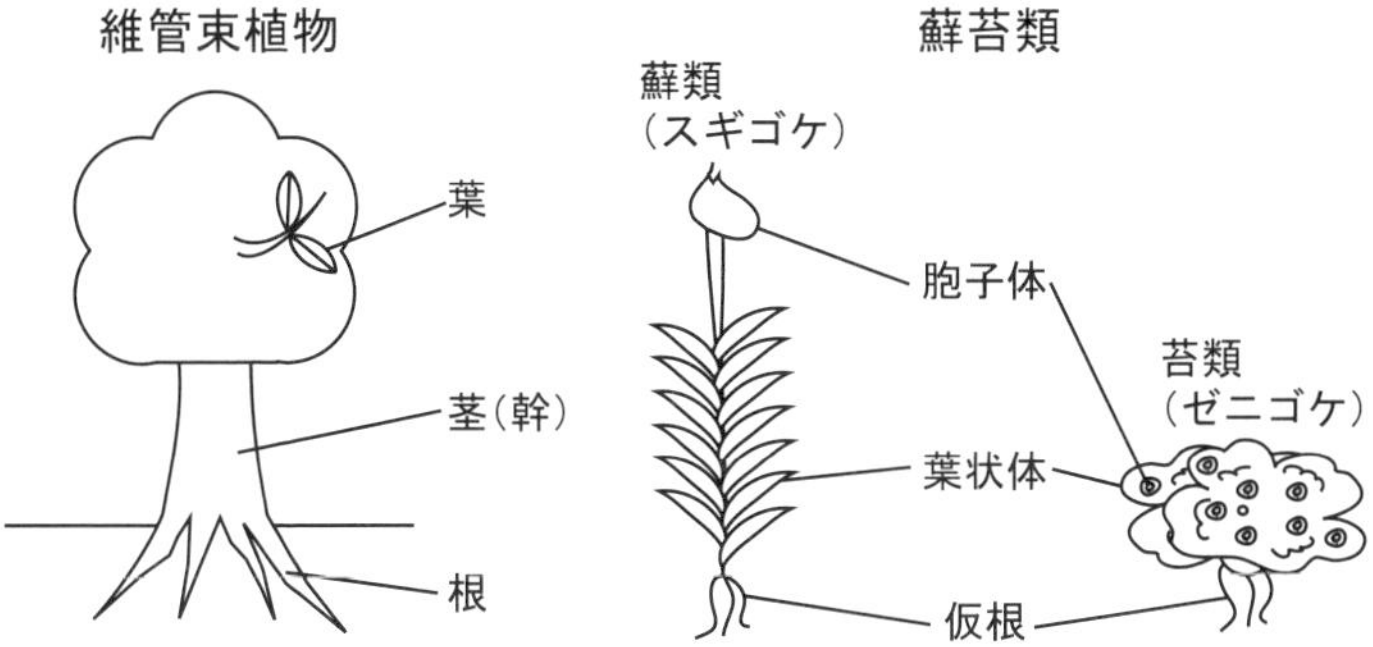

〈図９〉陸上植物の体系の模式図。維管束植物（左図）は、根・茎（幹）・葉が分化している。蘚苔類は、葉状体と仮根、胞子体（花の代わり）からなる。

びて光合成をするために特化した。そして、茎は、葉が効率的に光合成が出来るように、地面から高い位置に展開させる支柱となった。茎と根には、根から葉へ水分や無機養分を運ぶための水道パイプができた。このパイプは、シダ植物やマツなど裸子植物ではパイプ内に細胞壁の名残のある仮導管、サクラなど被子植物では完全な筒状で導管という。さらに、光合成でできた有機物（炭水化物）を植物体全体に運ぶためのパイプ（師管という）が分化。このように、根・茎・葉の分化を達成して、水のパイプと養分を運ぶためのパイプを持つ植物を維管束《いかんそく》植物という。陸上では、光合成の効率向上のために葉が、重力の問題から茎が、水分を集めるために根が分化し、さらに、水分や養分の運搬の問題から維管束が進化した。

シダ植物は、最初の維管束植物で、その後、中生代に裸子植物が進化、さらに、新生代に被子植物へと進化していく。裸子植物と被子植物の2つをまとめて種子植物という。つまり、裸の種子を持つ裸子植物と果実に覆われた種子を持つ被子植物である。これも乾燥に対する耐性の進化である。

シダ植物は、胞子体（2倍体）と前葉体（1倍体）という2つの世代をもち、交互に世代交代をしている。つまり、胞子体は減数分裂して胞子（1倍体）を作り、胞子は育って前葉体となり、前葉体は精子と卵子をつくる。さらに、精子と卵子が受精して2倍体の胞子体に生長する。この胞子体は、根・茎・葉や維管束の分化が発達しており、乾燥に強いが、前葉体はとても小さく、非常に乾燥に弱い。裸子植物はこの前葉体の世代をほぼゼロに短縮して、花粉が柱頭につき花粉管を伸ばして受精するまでに短縮した。つまり、花粉と胚珠から直接、種子を形成したのが、裸子植物である。この種子（裸子）の形成により、中生代の乾燥気候で生き延びて来たのだ。被子植物はこの種子をさらに硬い種皮で覆い、さらに大きな湿度変化や温度変化への耐性を進化させ、種子の寿命を長くしたのである。このように、陸上植物もカンブリア紀の無脊椎動物と同様に、細胞・組織の分業による共生の効率化により進化したのだ。

植物群落の意味

植物生態学の1分野にヨーロッパ、スイスで発祥した「植物社会学」という学問分野がある。植物社会学では、植物群落が、ひとつの社会を形成しているという考えである。第十章で述べた植物群落の形成は、環境変化を緩和する共生効果とみなすことができる。

古生代石炭紀におけるシダ植物の大森林は、このような湿潤な林内環境を形成した最初の陸上植物群落だろう。その大森林の特徴は、土壌の発達だ。大森林を形成することにより、土壌は発達して、湿度を保ち、森林内は湿潤で、温度変化も少なくなっていたであろう。つまり、乾燥や急激な温度変化などの環境の激変は、森林生態系を形成することにより、和らげられていたと考えられる。森林内が、外部とは異なる別世界となっているのは、第十章でも紹介した。

植物群落には様々な共生関係が存在する。例えば、カビやキノコの菌類も陸生の植物群落に共生している。菌類は、動物のように動かないことから、従属栄養（生育の際に炭素源として有機化合物を必要とすること）に進化した植物と見られていた。しかし、最近の研究から、系統的には動物に近いことがわかってきた。菌類は、植物群落の中で、植物の枯死個体を分解して、植物に再利用できるようにする。これは、動物の死体を細菌類が分解するのと同様である。一昔前に、腐敗菌がこの世から消えたら、町中が動物の死体だらけになったという映画かテレビドラマがあった。もしかしたら、菌類が死滅したら森林は枯れた樹木でいっぱいになるかもしれない。実は陸上植物生態系の中の植物枯死体の分解者として、菌類は共生しているのである。

細菌類にも植物とよく共生している根粒菌というのがいる。植物は根の中に根粒をつくり、その中に細菌を養い、空気中の窒素を固定してもらうのである。そうして、共生植物は、根粒菌の窒素固定により、窒素の少ない土壌へと侵入可能になった。根粒菌は主にマメ科植物に多くみられる。土壌が乾いていて乾燥した土地でもよく育つので、他の植物が入りにくい過酷な環境への進出を共生により達成したのだ。このほかにも、エンドファイト（内生菌）といって体内に多くの共生細菌が存在する植物種が多くある。

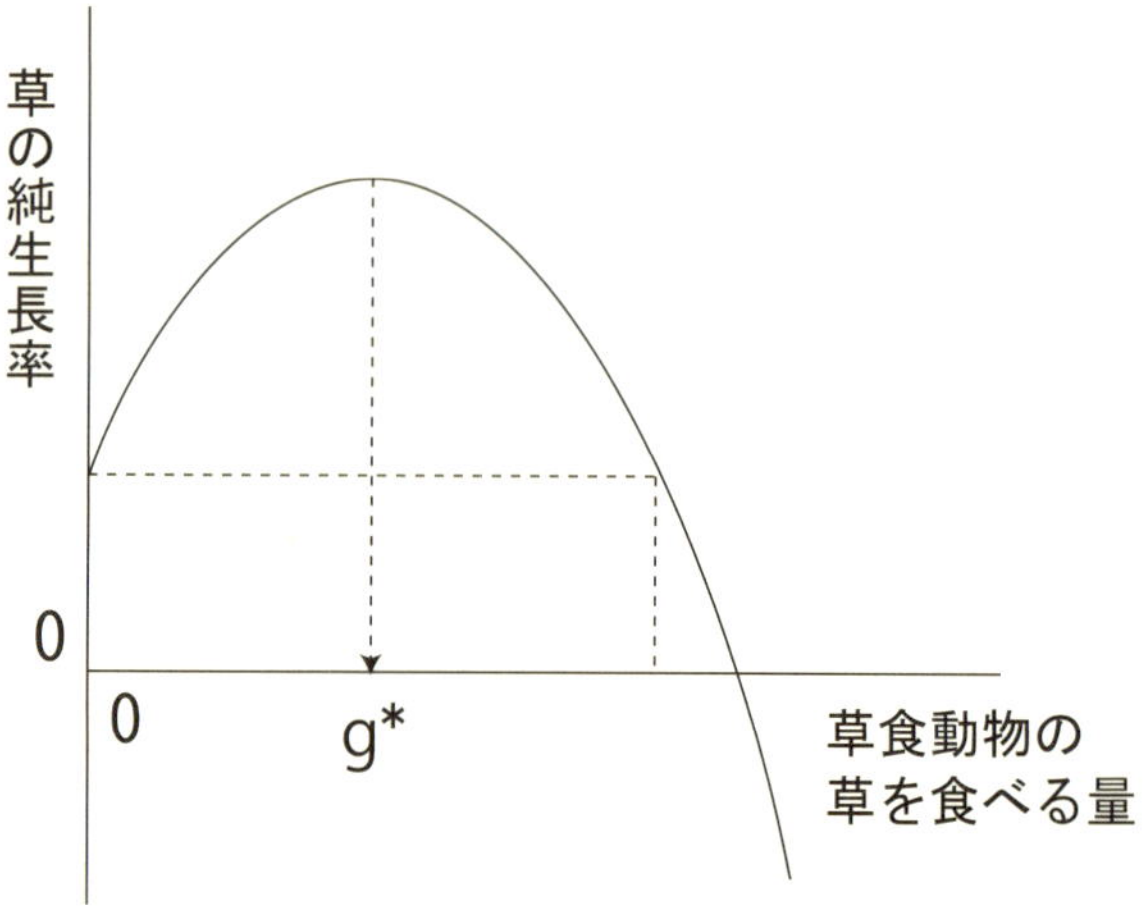

〈図10〉セレンゲティ草原での草の純生長率と草食動物の関係。草は草食動物にある程度食べられることにより、生長量は最大（g*）になる（McNaughton 1979を改変）。

このような共生は病原菌にも言える。感染したら必ず人を殺してしまう怖い病原菌は、進化できない。殺しすぎると、媒介できる人間がいなくなってしまうからだ。風邪を引き起こす細菌やウィルスのように、感染はするが、病原性の弱いものは繁栄できるのだ。このことが一般に、「病原菌は、弱毒性を進化させる」といわれる所以である。

同様のことが、草食動物と植物群落にもいえる。かつて、草食動物は植物群落にとって食害のダメージを与えるだけだと思われていた。ところが、面白いことに、草食動物は植物を食べつくしたり、絶滅させることはない。食べつくすと結局、エサがなくなり自分たちが困るからだ。草食動物は、植物を絶滅させないような利用法を進化させたのである。

さらに、草食動物の活動が共生的な場合がある。セレンゲティ草原の草食動物は、草を食べることで、草原の再生産（生長）を高めていることをシラキュース大学の植物生態学者サミュエル・マクノートンが発見した〈図10〉。つまり、食べることにより、新しい植物体が再生産される機会が生じるのだ。さらに、草食動物の糞尿は草にとっての重要な肥料となる。

熱帯雨林も巨大共生系

新生代に入って進化した被子植物は昆虫や動物との共生生態系を形成した。ご存知のように、被子植物の花蜜と果実は、昆虫や小動物を呼び寄せて受粉や種子散布をしてもらっている。

私たちが日本でよく見る多くのチョウやハチはさまざまな花の受粉をするかわりに、花から蜜をもらっている。花の蜜は、この受粉昆虫との共生関係から進化してきた。さらに、多くの果実が、鳥や小動物のエサとなるが、食べられた果実の中には、硬い種子がたくさん入っている。それらの種子は消化されずに、動物の糞として出てくる。これが、その動物を使った種子散布である。多くの鳥が、果実を作る植物の種子散布を担っている。つまり、受粉（受精）や種子散布のために、被子植物は動物に蜜や果実を与えて共生しているのである。

動物との共生関係がもっともよく発達したのが、熱帯雨林だろう。実はあまり知られていないが、現在の熱帯雨林の樹木は主に被子植物である。最近になって、熱帯雨林は巨大共生系であることが分かってきた。熱帯雨林の樹木には、種ごとに特定の動物・昆虫が受粉や種子散布をしているのだ。例えば、熱帯のイチジクにはたくさんの種があり、その種ごとに特有のイチジクコバチがいて、受粉（受精）している。イチジクコバチの幼虫とオスはその花穂《かほ》（イチジクの果実は花の集まり）の中に棲んでいて、メスだけが、花から出て、受粉と産卵のために他の花にいく。熱帯性のランの花も受粉するための特有の共生昆虫がいる。ハチドリに蜜を提供して共生関係にある花もある。

1ヘクタール（1万平方メートル）の熱帯雨林には1本も同じ種の樹木はないというくらいに植物の多様性が高いことが分かっている。すべての樹木に特定の受粉昆虫や種子散布動物がいるのである。小さいものではハチやハエから、大きなものではゾウまで、様々な動物が共生関係にある。これら被子植物の熱帯雨林は、新生代に入り成立したと考えられている。

共生が不可欠な地球

人間も農業によって植物との新しい共生体系を作っている。栽培植物は人間が利用することにより、存続・繁栄している。人間は果実・種子を大きくしたり、寒冷に耐性を持つように、様々な品種改良をして、さらに収益率の高い植物を作ってきた。これは、まさに共生関係の強化だ。このような人間による共生関係は、家畜・ペットの飼育、魚の養殖へと広がっている。

人間にも古くから共生関係にある生物がたくさんいる。例えば、さまざまな種類の腸内細菌が、食物の消化を助ける大切な役目を担っていることが分かっている。善玉菌のひとつであるビヒズス菌などは一般によく知られるようになった。最初に腸内細菌の働きが注目されたのは、牛や羊などの草食動物だった。実は、草食動物自身は植物の細胞壁をつくるセルロースを消化できない。

セルロースの消化は、腸管内の共生細菌が行っているのだ。

人間には、老廃物を除去する面白い共生生物もいる。顔ダニだ。ダニというと何か不潔な感覚があるが、顔ダニは人間の友である。昔、洗顔石鹸の宣伝で、顔ダニを見せて、いかに顔が不潔になりやすいかというコマーシャルがあったが、これは逆である。

顔ダニは人間の顔の毛穴に棲んでいて、顔の老廃物を食べている。このダニは生まれたての赤ちゃんにはいないが、お母さんの頰ずりなどによりすぐに移る。洗顔のしすぎで顔ダニがいなくなると、脂肪性老廃物が溜まり、顔が油を塗ったようにベトベトになってしまうそうだ。

英国人科学者のジェームズ・ラブロックが提唱したガイア仮説は、地球をひとつの共生系とみたようなものだ。しかし、そこまで考えなくても、大きな意味での共生関係は理解できるはずだ。例えば、大気環境を考えたときの動物と植物の関係である。植物は光合成により二酸化炭素を吸収して酸素を放出する。植物の呼吸はその逆に酸素を吸収して二酸化炭素を放出するが、その量は光合成の量に比べると少ない。ところが、動物は光合成をしないので、呼吸により二酸化炭素を増加させるだけだ。つまり、植物の利用する二酸化炭素を増やしている。こうして動物は、二酸化炭素を増やして植物を助け、植物は酸素を増やして動物を助けているといえるのだ。

余談だが、近年、地学が発展して、地球における酸素濃度や二酸化炭素濃度を推定できるようになってきた。それによると、石炭紀や中生代には、酸素濃度が徐々に上昇し、二酸化炭素濃度が低下していたことが分かっている。このことは、動物の、酸素から二酸化炭素への変換量が、わずかだが植物の光合成による酸素増加に追いついていないということを示しているのだろう。

このように、共生というのは、人間を含むほとんどすべての生物が持っている特徴なのだ。

では、この共生の進化はどこへと発展するのだろうか？　それは、次章で説明するように、同種内の個体間での協力・協調行動の進化へと繋がっているのである。

第十三章　協力の進化

生物が群れる理由

一般に生物個体は、同種が近くにいて、協力関係にある。既に述べたが、植物は草原や森林を形成するので、群落として協力し合い、環境を作っている。樹木や草原は、隣同士が風をさえぎり、相互に利益を得ていたり、土壌を形成して、安定環境を作っている。この仲間で作る環境は、生物の進化の初期、細菌の膜状の集合体バイオマットで、すでに実現されている。その究極の協同のひとつが、多細胞生物の進化だった。

一般の多細胞生物は、同一個体（細胞）の子孫が一体化したものといえる。その途上にあるのがカツオノエボシや粘菌などの群体である。カツオノエボシは、生殖器以外は繁殖をしないが、他の細胞はすべて生殖細胞と血縁関係にある。また、変形菌では、個々の細胞が森林の中で一旦移動分散して単独菌となるが、血縁細胞が集合することがわかっている。しかし、胞子体にしかならない寄生系統もあり、どのように共生関係を維持しているかはわかっていない。

個体が協力関係を作ってスーパー個体（超個体）を形成している究極の協同関係にあるのが、

〈写真11〉ヤマトシロアリの生殖中枢（王と2次女王およびワーカー、兵アリなど）（写真：松浦健二・岡山大学）。

社会性昆虫、アリやハチ、シロアリの社会である〈写真11〉。社会性昆虫では、繁殖と採餌、さらには巣の防衛までを分業している。スーパー個体の形成を可能にしているのは、アリやハチでは第一部の血縁選択で説明したように、半倍数性という特殊な遺伝システムが姉妹の方が自分の子供より血縁が濃いという血縁関係を作っているからである。

　ところがシロアリは、人間と同様、普通の2倍体で、このような遺伝的な特殊性は存在しない。つまり、真社会性（動物の作る社会の中で不妊の階級があるアリやハチ社会のような特性）のアリやハチのように血縁選択からは説明ができない。にもかかわらず、王と女王を中心に働きアリが集まった協力社会を作っている。なぜ、シロアリはこのような協力体制を敷いているのであろうか？　シロアリは、材木のセルロースを主食として、材木の中に棲んでいる。この環境がおそらく協力を必要としているのだ。

　昆虫や動物は、自分自身で植物の細胞壁を作るセルロースを消化できない。共生する細菌類が消化・分解する。材木はセルロースのかたまりなので、その消化は1匹2匹では不可能な作業なのかもしれない。シロアリは、働きアリが多数集まって、はじめて、材木の消化効率を上げることができ、それによって、材木内を棲家として生活できたのだ。木材のセルロースを消化しなければならないという条件が、真社会性を進化させたといえる。

最近、岡山大学農学部の昆虫生態学者、松浦健二がシロアリの女王は自分の寿命が短くなると単為生殖（オートミクシス）により自分のコピーを作って、巣を継がせることを見出した。オートミクシスでは、女王がABの遺伝子なら、新女王はAAまたはBBになる。しかし、新女王は女王からみて、血縁度が1になるので血縁社会は持続する。つまり、旧女王の親子関係を新女王（2次女王）は維持できるのだ。しかしながら、シロアリの女王とワーカーの関係にはまだまだ謎がある。

もちろん真社会性昆虫では、分業へと進む。「巣」という「スーパー個体」のアリやハチ、シロアリでも、集団は分業をしている。卵を産む女王アリ、巣を守る兵アリ、エサを集める働きアリだ。

血縁社会ではないが、人間社会でも、職業の発達と分業の歴史がある。分業は、いくつか職を分担して各々専門家として活動することである。狩猟採集民だった頃は、男は動物の狩り、女は子育てや植物の採集などを分けあった。このように、小さな集落では男女の分業があったが、その他の仕事といえば、集落の長や祭司などがわずかにあるだけだった。

ところが、農耕が始まり、集落が大きくなると、分業の程度は急激に拡大していって、職種が成立するようになった。江戸時代の士農工商は、武士、農民、職人、商人の分業が確立している。さらに、それぞれの階級でも様々な分業が発達していた。例えば、商人には、扱うものにより、様々な商店があった。このように、社会の工業化に伴い無数の職へと分業した。今では、何千何万という職種があることが職業別電話帳などを見ればよくわかる。

このような分業は、生物の共生進化にみられた真核生物の共生（細胞内機能の分業）やカンブリア爆発でみられた多細胞生物における組織や器官への分化と同等だ。つまり分業により、社会全体の生産性も上がり、ひいては持続可能性が上昇するようだ。

アラーム・コール

草原に棲む多くの草食動物は、アラーム・コールという警戒行動を行う。捕食者のライオンやチータなど危険な動物が近づくと、最初に気づいた動物が回りの動物に警告を発する。この警告により、周りの草食動物が捕食者から逃げることができる。同種または異種との協力行動である。サバンナの草原で群生活を営む草食動物はゾウやシカ類、シマウマ、キリンなどが協同行動をしている。

アラーム・コールをする個体は、捕食者の注意を引きつけるので、自身を危険にさらすことになり利他行動といえる。つまり、川に飛び込んで溺れる子供を助ける行動と変わりない。たとえばニホンザルの群には見張りがいて、皆に危険を知らせる。この場合も、警告を発する個体は、やはり、もっとも危険だ。さらに、ユキヒメドリなどの小鳥では、草原での採餌行動において、外敵を見張る警戒行動を協同で行い採餌行動の効率をあげている。つまり、外敵の見張りを皆で分担して、エサを地面から啄ばむ時間を長くしているのだ。

この逆、「攻め」の協同行動が、グループ・ハンティングである。オオカミやハイエナのグループ・ハンティングはよく知られている。ライオンもメスが集団でハンティングする。オスの仕事は、群の警護、つまり外敵の駆除だ。もちろん、ハイエナなどに食料を奪われないようにするためもあるが、自分の利益のために他のオスライオンの排除もしている。

交尾集団「レック」

第二章でも述べたが、レック（交尾集団）は、いろいろな昆虫や動物で見られる。昆虫では、カゲロウが川の上に大発生して交尾する。街灯の下に集まる蚊柱も交尾集団だ。もちろん、秋に鳴く虫やカエルの合唱も交尾のための協同行動といえる。

以前、こんなことがあった。大学近くにあるアパートで、7月初旬の早朝5時頃に、突然、大音響とともにアパートがまるで巨大ハンマーで叩かれたような激震が襲った。4階の自室でぐっすり寝ていた私は大地震かと思って、飛び起きたが、よくよく耳を澄ましてみたら、クマゼミの大合唱だった。クマゼミがアパートの前の桜の大樹に数百匹集まり、いっせいに鳴き始めたのだ。大合唱は、その「シャン、シャン」という鳴き声を全員が完全に同調させるので、数匹では問題なくても、数百匹集まるととんでもない大音響になる。つり橋のゆれが同調して最後には壊れてしまうのと同じ原理である。高校時代に、土佐（四国の高知市）出身の友人が、クマゼミの合唱をさして「森が鳴く」と言ったのを初めて実感した瞬間だった。

この年のクマゼミには、さらに驚かされることがあった。静岡大学工学部のキャンパス内には街路樹が相当数あるが、正門から真っすぐの並びにケヤキが植えてある。その最後の直径が精々15センチ程度の小さなケヤキの木にクマゼミが集まったのだ。そして、クマゼミは鳴き声につられたのか、ほんの数日でどんどん集まってきて、しまいには、樹皮がセミで覆われて全く見えなくなり、あとから来たセミは仕方なくほかのセミの上を歩いていたほどである。クマゼミは近づくとよくオシッコを引っかけて逃げるので、とても怖くて近寄れなかった。

素数ゼミもクマゼミと同様に「出会い」がその存続にとっては重要になっている例だ。二〇〇七年の素数ゼミの採集・調査では、シカゴ郊外、スーパーの駐車場の小さな街路樹に数百、数千と集まって、大合唱していた。どうも、集まり始めるとドンドンその木に集中して加速度的に集合する性質があるらしい。ところが、数日して同じ場所に行ってみたがほとんどいなかった。

また、その年は、シカゴの空港の近くに安ホテルを借りて住んでいたが、発生初期の5月下旬頃には、素数ゼミはその付近には全く見られなかった。ところが、6月中旬、帰国間際には、ホテルや空港の付近の街路樹に素数ゼミが止まっているのをよく見かけたのである。不思議に思っていたら、空港の北東はずれ、つまり、道路を挟んで2ブロックくらい離れたところに森林があり、大発生していた。発生中期までは、ものすごい数のセミがそこに集まって、交尾をするので、隣りのブロックへも行かないのだ。ところが、発生後期になってセミが少なくなると、相手を探して遠くまで飛び回っていたのだ。

また、集まったときの鳴き声はまさに大音声である。車で高速道路を走っていると、回りの森がワンワンとわめいているので、すぐ分かる。実際の発生地点に行くと、うるさくて会話ができなくなることがしばしばである。二〇〇八年には、17年ゼミが東部から中西部、及び南部まで広く点在して発生したが、高速道路から鳴き声を確認しながら、調査していった。

素数ゼミは、第八章で説明したように「出会い」のために進化したと思われるが、このように、もの凄い数のレックを形成していたので、絶滅が避けられたのかもしれない。多い年には、数兆匹といわれ、人間の世界人口をはるかに上回っている。まさに強力な協力的お見合い集団である。

「一人勝ち」を避ける一夫一婦制

生物社会が存続するためには、群などそれぞれが協力できる体制が必要であることはすでに述べた。「群」とは異なる協力関係に、「夫婦《つがい》」「家族」がある。「一夫一婦制」もまた生物の協力関係の発展には欠かせない。

多くの鳥類、多くの哺乳動物はペアをつくり、育児をする。特に、育児が発達した鳥類や哺乳類の配偶行動では、母親だけでなく、父親の育児が重要になる。彼らは育児で協力することにより、子供の生存確率を高くすることを可能にし、絶滅の可能性を極端に減少させた。そうして、一夫一婦制は進化した。鳥類では、両方の親による育児が、ヒナの巣立ちには不可欠である。多くの鳥では育児中に片親が事故死すると、たいていヒナは育たない。

ところが、〝富〟の集中する場所では、この一夫一婦制が怪しくなる。たとえば、カタジロクロシトド（北アメリカにいるホオジロの1種）では、日陰が発達した良質なテリトリーを構えたオスには、正妻のほかに、妾が来ることが知られている〈図12〉。つまり、日陰が少なく質の悪いテリトリーのオスの正妻になると、ヒナは日射病になりやすく、育ちが悪い。そこで、オスには育児を手伝ってもらえないが、妾となって日陰でよいテリトリーに巣を構え、ひとりでヒナを育てるのである。

人の婚姻制度も、適応度と同様の最適化の結果だろう。人間も原始的な社会では、一夫多妻制が多かった。そういう社会では、普通の家長よりも何倍も権力がある王様や部族の長が複数の妻を持っていた。男女の性比はほぼ等しいわけだから、1人の男が複数の女を妻にしたら、男の中にあぶれる者が出てくる。女性にとっても、王族や部族長のように富を持ち、適応度の高い男性のおめかけさんのほうが有利である。しかし、そうした「一人占め」状態は、やがて消滅してしまう。

文明が進化すれば、生産性が高くなる。すると、利益を分散して協力し合うほうが、社会全体が存続する上では有利となる。権力者は利益を独占すればするほど、一般の民衆から反感を買い、しまいには資産や権利を剝奪されて、その地位を継続できなくなる。そのため、社会の生産性があるレベル以上に高くなったときには、民衆の皆が満足する社会制度を導入する必要があった。

すべての民衆が等しく家庭を持てる「一夫一婦制」は、2つの点で、もっとも効果的な社会制度といえる。民衆が家族を持ち、その維持に努めれば、みな生産的な努力をする。さらに、子供

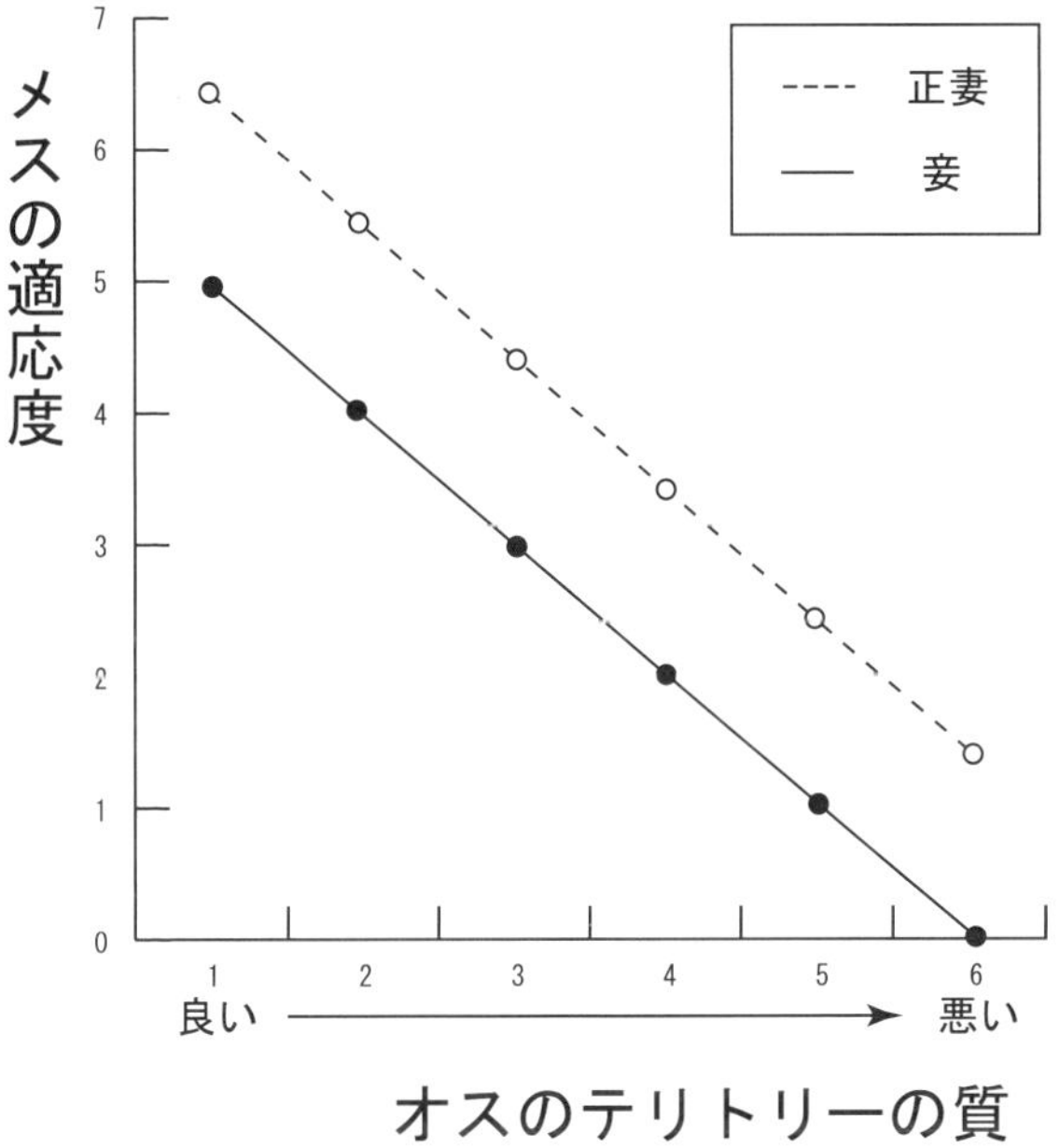

〈図12〉カタジロクロシトドのオスの正妻と妾の適応度。オスの構えたテリトリーの質と妾の地位によりメスの適応度が変わる。メスは適応度の低いオスの正妻より、適応度の高い妾の立場を選ぶ。テリトリーの質は、その場所の日陰の多さで決まる（Pleszczynska 1978を改変）。

をたくさん産み、人口を維持し、その生産性を維持できる。有能な為政者は、民衆を満足させることによって、働かせることのできる為政者なのだ。

こうして、社会の生産性が上がるにつれ、一夫多妻制は崩壊し、一夫一婦制が定着した。ヨーロッパでは中世に一夫一婦制が定着し、日本では明治三十一年（一八九八年）、民法によって一夫一婦制が定められた。この制度は、貧しい男性も女性と結婚できるので、社会全体からの不満が少なく、社会協力が得られやすい社会といえるだろう。

協同繁殖から家族へ

コーネル大学教授のスティーブ・T・エムレンは鳥類学者で、鳥の社会行動の世界的研究者である。夏になるといつもアフリカにフィールド調査に出かける。シロビタイハチクイというハチクイ類の協同繁殖の研究に行くのだ。協同繁殖というのは、親以外の個体が子育てを手伝うことで、この個体を「ヘルパー（文字通りお手伝いさん）」と呼ぶ。こうした現象は、鳥類に広くみられ、日本では、オナガやバン類がよく知られている。ニューヨーク州立大学アルバニー校のジェローム・L・ブラウン教授と私が共同研究をしているメキシカン・ジェイも協同繁殖している鳥である。オナガやカケスはカラスの類縁であるが、協同繁殖がとてもよくみられる。このお手伝いさんには誰がなるのか？　今のところ、有力な説は、両親ペアの近縁個体だ。スティーブ・T・エムレンはアフリカのハチクイ研究でそれを実証した。ハチクイのヘルパーの行動がハミルトンの血縁選択から適応的であることを実証したのだ。ここで、主にヘルパーになるのは、前に巣立った子供であることが多いことも分かった。

エムレンは、さらに、このヘルパーの理論を家族の進化への道筋として、研究を展開している。人間における家族の形成である。確かに、東アフリカに生息するハダカデバネズミやアフリカ南部に生息するミーアキャットなど、地下で集団生活する哺乳動物では協同繁殖が頻繁に見られるが、それは、地下での集団生活という制限が協同生活を促進していると思われる。つまり、大きくなった子供の個体の分散が難しいという条件があるのだ。従来の生物学の常識では、子供は「千尋の谷に突き落とす」、つまり、巣立ちをさせることが重要だった。ところが、これらの動物では、その千尋の谷、つまり、落ちても生き残る場所がない地下の協同生活には、新世界はなく、その社会に留まることになる。家族のもとに留まり、親が年をとると、子供が巣を引き継ぐのだ。

この状況は、人間の男系社会にも当てはまる。日本の戦前には普通だった家父長制度がそれだ。長男が家長を引き継ぎ、次男以降はすべて、「家」のために尽くす。これが、家族の形成で、家族は、「家」の存続を目的にした協力者なのだ。ここでは、親の繁殖を子供が引き継いでいけば、絶滅はしない。ここで、長男は、「家」の存続のための要員、次男は長男の保険。三男から下は単なる労働力だ。昔、長男が何らかの事故・病気でなくなると次男が長男の跡をついで、長男の嫁と結婚したのは、この「家」の持続性のためである。「家」は存続することが大事であり、大きくなることは重要ではない。

道徳と法律

人間社会は、古代から慣習と信仰、宗教を発達させた。慣習や信仰、宗教は、協力して集落を保つためのルールである。慣習は、集落の環境に対応して自然発生したルールで、村民の協力を前提としている。信仰や宗教も、それを信じるコミュニティーのメンバーに対しては、「他人に対して寛容であれ！」、「人に対して協力せよ！」という協調を求めている。

メンバーのほとんどから協力行動を得られた集落は繁栄し、メンバーが利己的行動に出た集落は没落していった。エスキモーの子供の交換のような協力行動の強制は、メンバーがいかに利己的行動をしやすいかを示している。集落では、自己利益の追求と、コミュニティーへの奉仕行動との2つの行動の狭間にいるのだ。まさに、「タカ・ハト」ゲームのバリエーションの「ウソつきと正直者」のゲームなのだ。

人はウソつきにも正直者にもなりうる。現代人の町内会活動や、マンションなどの共同生活にも相通じる。つまり、社会制度により、ウソつきになったり、正直者になったりする。そのために、人間社会では、さらなる協力の仕組みが発展した。「道徳と法律」である。道徳は、人間としての感情に起因したルールで、道徳に背くことは、自己の感情への負担となる。たとえば、「ウソ」をつくと、悪いことをしたという気持ちになる。ただし、そのように幼児期から教育されていないと、「ウソ」をつくことは悪いことと思わなくなる。

一方「法律」は、主に罰則により行動を規制している。たとえば、自動車の速度制限は、交通違反の罰金と減点による罰則で、運転手の行動を規制する。このルールは、本来は、運転者だけでなく、回りの車や歩行者の安全のためのルールでもある。だからこそ、私たちは、誰もいない広い道路での「ネズミ捕り」に憤りを覚えるのだ。

面白いことに、道徳と法律の両方の性質をもつ事柄もある。たとえば、「殺人は悪い」というのは、現代の日本社会では当たり前の道徳であるが、同時に殺人は非常に重大な犯罪でもある。

このように、道徳と法律の両方から制約のかかる事柄は、協同社会にはまったく馴染まない行為である。

ところで、殺人は常に悪い行為とされてきたかというと、そうでもない。殺人が法律的に悪いのは、あくまでもひとつのコミュニティー（国）内のことである。昔から、コミュニティーの外の人間は敵とする場合があり、コミュニティー存続のためにその敵を殺しても罪には問われなかった。戦争となれば、人殺しが許される。しかしながら、戦争が道徳的な制約から逃れるのは難しいのは言うまでもない。戦場体験者の多くが、社会に戻った時、心の病にかかるのはこのためである。

このように、社会にあるほとんどの法律や道徳は共同生活をスムーズに行うために発案されてきた。この協同行動の発展が、人類の繁栄へと繋がったのは疑いようもない。

民主主義は協同メカニズム

人間の社会では、一夫一婦制と同様に、「一人勝ち」を避けるための制度として、民主主義が発展してきた。社会の中における立場の違いはあるにしても、協力というのは個々が本当の意味で対等な関係でないと成り立たない。ところが、過去の多くの君主制では、人間は対等・平等ではなくて、権力者は他の人を自由に使役できた。これは命令であって協力ではない。建国時の賢帝は、人民への利益の配分を忘れなかったが、世襲君主制では後代の統治者が自分の利益追求に走ったため、人民は辛酸をなめさせられた。このような状況が長続きすれば、生産性も落ち、国は弱体化してしまう。

この状況を打破するために生まれたのが民主主義（デモクラシー）である。一般に古代ギリシャの都市国家（紀元前八〇〇年頃～紀元前三〇〇年頃）が近代以降の民主主義の原型といわれる。ちょうどソクラテス、プラトン、アリストテレスなどギリシャの哲学者が活躍した時代である。しかし、古代インド（紀元前6世紀以前）にも民主主義的な機関が存在したことがわかっている。さらに、最初の議会制民主主義は、西暦九三〇年アイスランドの現在のシンクヴェトリル国立公園で開かれたことが分かっている。このように、歴史的にも、君主制と対抗した制度として、民主主義は昔から頻繁に導入されてきた。ただし、古代ギリシャに見るように、市民権は女性や奴隷にはなく、限られた人々のものであった。

すべての市民が対等となる共同生活を維持しようと、近代に入ってようやく自由・平等・博愛の関係が導入され始めた。市民革命は腐敗した組織を改め、新しい協力関係を築くための進化と考えられる。

日本では鎌倉時代から江戸時代までの長く続いた封建制度から、明治・大正・戦前（昭和二十年の敗戦まで）の天皇を君主とする立憲君主制を経て、戦後に民主主義が導入された。戦前の立憲君主制でも、衆議院と貴族院（主に華族で構成）からなる帝国議会があり、民主主義が導入されている。終戦後、マッカーサー元帥により導入された日本国憲法で、この民主主義が相当に完成された形となったのである。そして、戦後からバブルあたりまでは民主主義が比較的よく機能していた。

海外では、国によって民主主義体制の進化は大きく異なる。フランスでは、フランス革命（一七八九年7月〜一七九四年7月）の時に多くの貴族をギロチンへと送って、市民による第一共和制がスタートした。しかし、またしばらくすると、新しいブルジョアジー（富裕層）が勃興、第一共和制の政策は金持ち優遇に変わっていった。そして、労働者や農民を中心とした2月革命（一八四八年2月）により、第二共和制が成立した。この第二共和制により、ほぼ全ての人々が平等になり、当時としては平等で自由な民主主義が浸透した。

フランスの2月革命は、翌月のドイツ・オーストリアの3月革命へと飛び火して、ヨーロッパ大陸全土へ共和制を浸透させる契機となった。この2月革命と3月革命を総称して、一八四八年革命という。

イギリスは他のヨーロッパ諸国（特にフランス）とは大分異なった歴史をたどる。まず、特筆すべきは、封建時代の一二一五年に、マグナカルタ（大憲章）が制定された。これは、当時のジョン王に貴族や国民の権利を認めさせた点で、民主主義的な憲法である。マグナカルタは、今でも英国の憲法の一部をなしていることからも当時の先進性がうかがえる。

そして、イギリスの市民革命といえる、ピューリタン（清教徒）革命（一六四一〜一六四九年）で、共和制が成立した。その後、一時的に王政復古（一六六〇年）したが、名誉革命（一六八八〜一六八九年）で、立憲君主制が成立、事実上民主主義が確立した。女王は「君臨すれども統治せず」と言われる所以である。

イギリスの名誉革命がよく無血革命といわれるように、封建時代からの貴族階級をほぼすべて残したままで、民主主義が導入された。そのため、階級制度的な慣習は今も少なからず残っている。

私は一九九四年から九六年まで丸2年間、ロンドン郊外のアスコットにあるインペリアル・カレッジの個体群生物学センターの専任研究員をしていたが、住居や職業など様々な点で、階級意識が存在することに驚いたものである。たとえば赴任してすぐ、研究所の秘書からアパート探しに関してこんなアドバイスを受けた。アスコットとその北のウィンザー（女王の居城のある町）は貴族の町なのでよいが、アスコットの西隣のブラックネルとウィンザーの北のスラウは労働者の町だから住んではいけないというのだ。階級により住む街を選べということである。大学の専任研究員の私は、給料は国家公務員で一般労働者の最低賃金のような薄給であるが、地位は貴族と同等だというのだ。

階級間の教育格差もとても大きい。イギリスの有名大学、オックスフォード大学とケンブリッジ大学の2つを合わせて「オックス・ブリッジ」というが、その入学者を見ると、公立高校からが1割で、9割はパブリック・スクール（公立ではない）などの私立高校の卒業生である。ところが、高校の数でみると、全英で9割は公立高校で、私立高校は1割くらいしかない。1校当たりの学生数がほぼ同じと考えると、公立と私立では、進学率は100倍近く差があるのだ。当時、私の給料が税引き前で年間約2万ポンドと専任講師の中くらいの給料だったが、私立高校の学費が年間大体2万ポンドで、大金持ちでない限り、とても私立への進学は望めない。つまり、一般労働者の家庭では、オックス・ブリッジに代表される大学への進学も経済的にほとんど不可能なのである。

このように、階級差別は、住む場所だけでなく、教育や職業、生活の端々に残っている。職業も世襲制が多く、肉屋の子は肉屋、パン屋の子はパン屋というように、親の職業を継ぐケースが今でも多い。

イギリスとフランスとの違いはとても興味深い。前述のようにイギリスでは、民主主義がとてもゆっくり浸透してきているので、いまだに、貴族や富裕層と労働者や貧困層との差が大きい。ところが、フランスのように、革命で一気に制度が変わると、そのような階級的な差はすべてご破算となっている。貧富の差はあるが、階級意識が希薄だ。私と同じ時期にフランスから来た同僚が、イギリスの階級差別に愚痴をこぼしていたのをよく覚えている。しかしながら、フランスでも革命から長い年月が経って、かつての貴族の閥閥とは関係のない新しい富裕層が「強者」となり、パリの高級住宅街を占めている。

近年の北欧は、民主主義から、社会民主主義へ移行している。オーストラリアやニュージーランドも北欧と似た歩みをしている。こうした国々では、国民に対する社会保障が厚く、日米の格差社会が生むような、困窮する階層がない。誰も生活苦に見舞われないような社会を維持するために、自由競争をある程度制限し、高い税金を課して、福祉・環境・医療などの社会保障を充実させている。これらの国々の制度は、協力体制の進化という点では重要で、人類の将来のあるべき方向のひとつの可能性を示していると思う。

ロシアで起こった共産主義ももとは市民革命から派生した社会体制であったが、権力集中が激しく独裁主義に近い形態に戻ったケースだ。これは、ゆり戻しの例である。どちらにしても、北朝鮮のように、たった1人による独裁主義の国は非常に少なくなってきている。

このように民主主義を取り入れた国のなかでもその変遷はさまざまで、現在の状況もまた国によってちがう。

民主主義も新しい協力体制もそれが長期的に安定していくと、再び個人の利益を追求する権力者が必ずといっていいほど現われる。個人の利益を追求しても集団の存続が脅かされないならば、この「いたちごっこ」は避けがたい現象なのだろう。

第十四章　「共生する者」が進化する

文明にはなぜ栄枯盛衰が起きるのか

祇園精舎の鐘の声、
諸行無常の響あり。
娑羅双樹の花の色、
盛者必衰のことわりをあらはす。
奢れる人も久しからず、
唯春の夜の夢のごとし。
たけき者も遂にはほろびぬ、
偏に風の前の塵に同じ。

およそ700年前に書かれ、文明の盛衰を表現した「平家物語」の冒頭はあまりにも有名である。人類の歴史もまた、繁栄と絶滅の繰り返しなのである。

奈良時代から、250年以上にわたって繁栄した江戸時代に至るまで、平安、鎌倉、南北朝、室町、戦国、安土桃山と繁栄と衰退を繰り返している。中国もまた、「尭・舜・夏・殷・周・秦・前漢・新・後漢・三国・晋・南北朝・隋・唐・宋・元・明・清」と、紀元前二〇〇〇年以前から移り変わっていった。エジプト王朝もしかり。アメリカのインカ文明も同様に栄枯盛衰があった。西南アジアには、消えていった古代文明が砂漠の中に遺跡として数多く残っている。

なぜ、文明には栄枯盛衰が起こるのであろうか？　それは、利益の個人占有が発達するからだと私は思っている。

環境からいかに影響を受けないか、つまり環境からの独立は、「所有」という概念を発達させた。まず、巣の利用は「場所を所有する」概念につながる。動物のなわばり（テリトリー）も、ある場所を管理することによって所有権を主張する行為といえる。農業は、既に述べたように食料生産の安定化をもたらしたが、さらなる所有権、つまり食料と土地の所有権をもたらした。はじめは、集団で土地を所有するという概念へと発展し、個人の家だけでなく、集落や村、町、そして国といった共同体を作り、協力しながら環境の不確定性に対抗するようになる。ほかの生物は基本的にごく狭い場所の環境しか変えないのに、人類は自分の周りの群集や生態系など、より広い範囲の環境を思い通りに変革するようになった。しかし、この所有権の発達により、利益の分配に思わぬ問題が生じたのである。

原始的な社会体制は1人の長が統治する君主制が基本である。小さな部族は生き残りが厳しく、また、誰がいつどこでいかなる行動をしたかも筒抜けである。不正を行う余地は少なく、1人の長が全体を治める形はよく機能していた。長は集団の意思決定者として人の上に立ってはいても、長を含めて全員が集団の利益のために行動する意味では平等な社会といえた。

ところが、やがて部族は大きくなっていく。それにつれて、長が自分と自分の血族、あるいは周囲の気に入った者だけの利益を求めて行動するといった具合に、権力者が腐敗するケースが頻繁に出てくる。これはローマでも中国でも日本でも、世界中のいたるところで見られた共通の現象である。なぜなら、進化論的に言えば、協力するより利己を追求したほうが、権力者個人の利益が高くなるからである。そうした方が、権力者にとっては最適なのである。

集団が大きくなると、世襲制を含めて統治システムがしばらくは自動的に継続するようになる。そのため、取り巻きも含めた複数の権力者が個体（個人）の利益を優先しても、集団全体には、すぐには影響が出てこない。だから、権力者が利己的になっても、集団はながく維持されることになる。その集団が維持されている間（タイムラグの間）は、集団よりも個体の利益を優先させたほうが個体の適応度は上がる。もちろん、自分と自分の周りの者だけでも優雅に暮らしたほうがいいに決まっている。が、長期的な集団の存続ということから見れば権力者の「一人勝ち」はマイナスであることは間違いない。

昔、東南アジア諸国の国際空港では、税関にボールペンを持っていくと通関がフリーパスだったそうである。もちろん、何もあげない人はなかなか通してくれないのである。いまでも発展途上国で時々見られる役人や警官の袖の下の要求は、小さな権力者の個人利益の追求である。しかし、こうした腐敗が隅々にまで広がっていくと、「社会」の協力体制は崩壊に向かっていく。

集団レベル選択は、崩壊に至るシナリオをまさに説明している。まず、正直者（利他者）が協力して、新しい王朝（文明）を築く。この王朝では、正直者の協力で文明が発展する。文明が繁栄すると、生活に余裕がでてくる。そして、自己利益の追求がしやすくなる。もちろん、トップの権力者である王は贅沢の限りを尽くすが、一般庶民も余裕があるので、各々のレベルで個人利益の追求に走る。文明の勃興期には、社会の全員が国や民族のため利他行動をとっていたのに、ある程度繁栄してくると、自分の楽しみを追求した利己行動へとスイッチしていく。集団内では利己者の利益が高いので、徐々に利他者が減っていく。そして、文明が爛熟したときには、ほとんどすべてが利己者となり、革命か衰退により自己崩壊していくのである。

このような繁栄から衰退への推移の仕方は、生物界における「適応放散（繁栄）と絶滅」とほぼ同じなのである。

資本主義も例外ではない

第2次世界大戦以後、今に至る日本も、「適応放散と絶滅」という進化の道筋を着実に歩んでいる。

「現代」の創生期は、戦後（第2次世界大戦後、一九四五年以降）の復興期から高度経済成長の時代（一九五五〜一九七三年）といえるだろう。この当時は、国民全員が一致団結して一生懸命働くことを当然とし誰も疑いはしなかった。会社のために遅くまで残業し、家庭を顧みない父親像がごく当たり前だった。この創牛期には、人々の心に、よりよい社会を作ろうという暗黙の協調意識があったのだ。

ところが、次に続く爛熟期には、このような協調精神は徐々に低下していく。利己的な思考が当たり前になっていった。この時期は、日本の安定成長期（一九七三年〜八〇年代中頃）とそれに続くバブル景気の時代（一九八〇年代後半〜九〇年代初頭）にあたる。国民全体が裕福になり、消費が当たり前となった。かつてのような協調の必要性がなくなり、人々は、個々の生活を重視するようになり、個の自由を求めはじめた。

私は、一九八二年に米国へ留学してからカナダ・米国・イギリスと渡り九七年に帰国するまで海外で生活していたので、バブル景気を知らないで過ごした。帰国して、家族の金銭感覚の変わりように驚いた。たとえば、かつては超のつく節約家だった私の母は、1人1万円くらいかかる高級レストランへ行こうとするのだが、なぜそのお金で1週間の食事を賄わないのかが私には理解できなかった。私の兄はこの頃、「金は借り得だ！」とよく言っていた。

一九八七年10月19日に起きたブラックマンデーまでは、まさに「強者台頭」の時代だった。新しい金持ちが、経済自由化の名の下に、投資自由化を推し進め、日々の投資を可能にした。普通のサラリーマンでさえ、アパート・マンションへの投資や、ゴルフ会員権や株の売買をする者が出始めてきた。ファンド資本主義の勃興期である。ファンド資本主義は、国際政治経済学者のスーザン・ストレンジが一九八三年にその著書のタイトルで『Casino Capitalism（カジノ資本主義）』

と名付けた、いわばギャンブル経済である。

本来、株式投資の目的は、長期的な利益の還元であり、会社の長期的利益の追求を損なってはならないはずだった。一九八〇年代からはじまったアメリカ発の金融の自由化により、実体経済に対する投資とは別に、短期的な利益のための投資が当たり前となっていった。グローバリズム、自由競争の名のもとに、目先の利益を求め投資自由化を推し進めたのは、ヘッジファンドやオイル資本などの巨大資本だった。このような巨大資本には、黒字経営を続けた日本の大企業も入っている。

水が高い所から低い所へ流れるように、彼らは短期の高利率リターン（収益）を求めて、あらゆる市場へ投資していった。こうして、短期投資した大株主の利益追求は、本来会社の長期利益に回すべき短期の余剰利益を食い物にした。

外国為替市場への流入もまた、例外ではなかった。この場合の被害者は、貿易にかかわる輸出入業者で、ヘッジファンドの売買による利益は、実は、輸出入業者の為替差損益（為替変動による損益）からきている。つまり、正当な貿易活動によって、輸出入企業が本来受け取るべき利益の一部をファンド投資家が横取りしていることになる。言い換えれば、ヘッジファンドは、貿易の上前を撥ねているのだ。ヘッジファンドへ投資した多くの企業は、そうして自分の生業の首を絞めてしまったのである。

このようにファンド資本主義は、他者をかえりみない利己的な強者の論理だった。富裕層を中心に正当な労働なくして、ギャンブル的な投資により、金儲けすることを可能にした。こうした

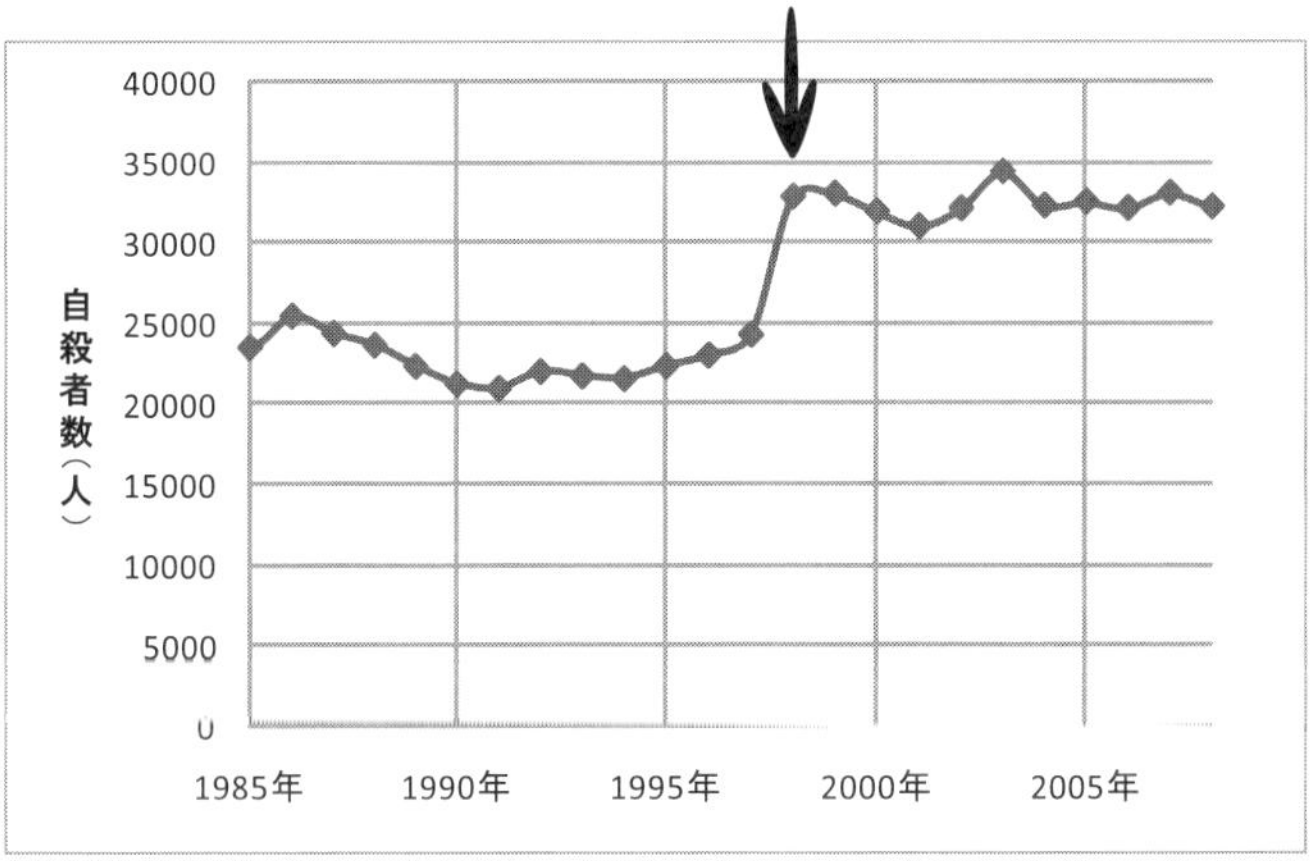

〈図13〉日本の年間自殺者数の推移。1997年までは年間約25000人で推移していたが、1998年には約33000人に急上昇し、その後は、30000人台で推移している（警察庁統計資料［年次別自殺者数］2009年より作成）。

短期投資は、正当な経済活動の上前を撥ねるいわば「追剝《おいはぎ》」行為ともいえた。

日本では一九九〇年3月、土地や物資の価格が行き過ぎた結果、ついにバブル経済が崩壊。経済成長率は低空飛行を続け、株価も低迷し続け、失業率は上昇した。それ以降の日本政府、特に小泉政権時代（二〇〇一〜二〇〇六年）は、資本家（つまり金持ち）への優遇税制により、経済指標は好転していた。しかし、一部の資産家と優良企業が大きな利益を上げているだけで、これ以後、国民の多数は常に経済的な閉塞感を持つことになった。

日本の年間自殺者数は、一九九七年の約2万5000人から約3万2000人以上に急増した〈図13〉。一九九七年秋の三洋証券、北海道拓殖銀行、山一証券と立て続けの大型金融破綻がきっかけとなり、九八年にかけて失業者が急増したことが大きな要因と見られる。自殺者数は、九八年以降も、3万1000人を切っていない（二〇〇九年5月発表　警察庁統計資料）。

バブル経済崩壊の後、日本は「失われた10年」を迎え、しばらくの間、経済は沈滞する。そして二〇〇七年、金融危機が各国を襲う。〇八年9月15日のリーマン・ショックは、この世界金融危機の特徴をよく示す出来事である。リーマン・ブラザーズの経営破綻は、サブプライム・ローン問題が主要な原因となっている。サブプライム・ローンとは、米国での信用度の低い人（主に貧困層）への住宅資金の貸付ローンである。土地価格が上昇している間は問題は起きないが、下落すると元本割れを起こし、返済不能になる。〇七年頃からの土地価格の下落に伴い返済率が低下、サブプライム・ローンの不良債権化が一気に国際金融問題に発展した。もとをただせば、土地価格の上昇だけを見込んで、資金を全く持たない貧困層へ住宅ローンを貸し付けたこと自体が問題なのである。その不良な住宅ローン（債権）の証券化によるギャンブル化が金融危機を起こした最大の原因だった。

二〇〇八年10月以降のアイスランドの全銀行国有化、米国政府の大手銀行への資金導入、日本円やユーロに対する極端なドル安と、それに伴う日本の輸出産業の莫大な赤字を連鎖的に引き起こした。GM、クライスラーの経営破綻、トヨタ自動車をはじめとする日本国内自動車産業の巨大な損失は記憶に新しい。

巨大投資ファンドの活動規模はすでに一国の経済資産をはるかに上回っている。たとえば、アイスランド全銀行の国有化は、ファンドの（為替操作による）攻勢にアイスランド政府の通貨が敗北したことの現われである。韓国の通貨ウォンもその頃、外貨準備高が不足していたために通貨危機に陥っており、もし、ファンド側の攻勢が続けば敗北は免れないといわれていた。このように、バブル崩壊以降のファンドは、世界経済を大きく変動させるほどに巨大化している。

ここで重要なことは、ファンド資本主義が、短期的には強者に莫大な利益をもたらすが、長期的には、その強者だけでなく、弱者をも含んだすべての人々に不利益をもたらすことなのだ。

誰もが永遠に勝ち続けることなど、あり得るわけはない。巨額な投資を続けていけば、いつかはファンド資本主義というシステム自体が破綻することは自明の理なのである。そうした時、資産の少ない経済的弱者も巻き込まれ、経済動向はまったく予測不可能になる。投資の自由化は、「神の手」にゆだねれば「破滅への道」を歩むしかないのである。

ゲーム理論の瑕疵《かし》

ここでもう一度、第一部で説明した「ゲーム理論」に我々は戻らなければならない。

近代ゲーム理論の大きな成果は2つある。ひとつ目は、ナッシュによる最適解、ナッシュ均衡の概念の提唱である（第二章参照）。2つ目は、ジョン・メイナード・スミスらによる進化的安定戦略（ESS）の考え方であった（同じく第二章参照）。これらの概念から、人間にみられる利他行動や協同行動の進化を説明しようと試みられたのである。しかし、いままで協同行動がわずかに有利になるケースは出てきても、人類における協同行動の大々的な発展をまともに説明できる理論やモデルは存在していない。現実の人間社会では協同行動が社会の規範となっていることからすると、現代のゲーム理論は、何らかの欠陥があるにちがいない。

それは、こういうことだと私は思っている。

囚人のジレンマゲームを復習してみよう。

両者が黙秘をすれば全体として最適（各々1年の刑期）である。しかし、片方が裏切って自白すれば、刑期は0年なので有利になる（黙秘した方は10年の刑期となる）。両者が同様に裏切って自白すると、ナッシュ均衡は全体として最悪（各々8年の刑期）になる。明らかにこれが最適なわけはないが、個人の最適化という観点から、数学的にはいずれの場合も裏切って自白するという解は正しい。

では、なぜ、ナッシュ解が人間社会から見て正しくないのか？　それは、この設定に問題があるからだ。人間社会には、裏切りを抑制するシステムがある。前章で説明したように、社会には慣習や宗教、道徳に法律と様々なルールがあり、その社会に属する人間に協同行動を期待している。

囚人のジレンマゲームは、こうした社会的な「足かせ」がないと仮定しているのだ。ナッシュ均衡は、もともと利己的に動くことが最適であると仮定している。ここまでは正しい。しかし、実際の人間の利己的な行動は、社会規範の中で評価される。たとえば、囚人のジレンマゲームでも、協同して罪を犯した囚人は、ナッシュ解では、「仲間を裏切る」という罪悪感を伴う行動をすることになる。だが実際には、犯罪仲間が出所したときには報復をされるかもしれない。あるいは共犯の仲間に義理を感じている場合もあるだろう。多くの人間は、自分のことだけでなく、仲間のことも考えてしまう。こうして、机上ではなく生きている人間は、ナッシュ解とはかけ離れた行動をとる可能性が出てくるのだ。

このように、ゲーム理論では社会規範による制約が考慮されていない。協同行動の促進には、多くの社会規範の成立が重要な鍵を握っている。その社会規範（協同行動のルール）の進化によって、小さな集落が村や町に、そして都市から国へと巨大化できた。

ゲーム理論の最大の落とし穴は、何よりもその目的がプレイヤーの最大利益を求めることにあるという点に尽きる。人間が社会を作ったそもそもの動機は「存続のための協力」だったが、そんなことはすっかり忘れ去られてしまったかのようだ。

さらに、生物学から経済学に逆輸入された進化的安定戦略（ESS）の理論にも大きな欠陥があった。それは、相対比較という問題である。この戦略は、簡単に言うと複数の戦略の中で、相対的に有利な戦略のことである。ところが、ここには大きな落とし穴がある。第二章にあるように、「ウソつきと正直者」がさまざまな状況においてどのように増減するかを推定できても、その「村」自体、つまり個体群が絶滅したり、社会が崩壊したりすることを想定していないのだ。社会の中で、ある生物がどんなに相対的に有利になったとしても社会全体が崩壊してしまっては、元も子もない。ESSには、机上の空論の面があることを私たちは承知しておかなくてはならない。

第二部の性比（第八章参照）にも似たようなことがある。相対的には有利な性比でも、繁殖個体群に絶滅を引き起こすことがある。とくに、自分へと利益を導入する利己的戦略はしばしば、この絶滅問題を引き起こす。ところが、性比のESS解析のように、ゲーム理論では、この存続可能性は考慮されていない。

「タカ・ハト」モデルに戻って考えてみよう。タカ・ハトゲームでは、先に説明した「ウソつきと正直者」のゲームと同等で、タカはウソつき、ハトは正直者に相当する。ここでは、協力行動の進化を考えるので、利己者のタカと利他者のハトで説明していく。ここで最適となったのはお互いがタカになるナッシュ均衡だった。すると、損失が発生するので全体の価値は必ず下がってしまう。仮に損失を数万円としたら、それほど大きなケンカにはならないが、タカ同士の行動を極限まで突き詰めれば殺し合いになってしまう。殺し合いは言い過ぎにしろ、お互いが激しく傷ついてしまうことは間違いなく、タカ同士の選択が最適などと言っていたら、殺し合いが続き、やがて集団は自滅する。このように、タカ的な社会（集落）が崩壊に至ることは明らかである。エスキモーのように、協力行動に集落の生存（存続）がかかっている環境では、協力しないタカ同士の戦いは、まさに滅亡しかない。

人間社会は環境の不確定性に備えるための「協力」から始まった。それが民主主義のスタートラインのはずだった。ところが、その民主主義との両輪であるはずの自由主義が高度に発達するにつれて、様相が変わってきた。「個人の利益を最大限に追求する」ために、経済活動においてはゲーム理論の「ナッシュ解」が成立してしまっているのである。

端的な例が、ゲーム理論の経済学への導入である。まず、一九四四年、ジョン・フォン・ノイマンとオスカー・モルゲンシュテルンの名著『Theory of Games and Economic Behavior（ゲームの理論と経済行動)』が出版され、経済学への応用が可能になった。経済行動を、利益を追求するプレイヤー間のゲームとして捉えたのだ。この理論を背景に、勝つ者がさらに勝ち、利益がさらに利益を生むというアメリカ発の市場原理主義が台頭し、瞬く間に世界を席巻した。社会規範を忘れた「強者の世界」の現出である。

そして、繁栄の利益を集めたファンドと呼ばれる超巨大資本、つまり「経済的な強者」が、さらなる利益を求めて市場を自由化し、お互いの資産の奪い合いを始めたのである。サイコロを振り続けて、勝ち続けることができないように、「強者」もいつかは負けてしまう。生物にみる繁栄と絶滅のセオリー通り、強者同士の争いは、社会全体の崩壊を導く。いつまでも、誰もが発展するわけがない。そして、いま私たちが直面している、誰も勝ち残れないような、世界的な金融崩壊が始まっているのだ。

「強者」の時代の終焉――。私たちはこのまま、絶滅の淵へと落ちていくのだろうか?

生物資源経済学が示唆すること

経済学はなぜこのような間違いを起こしたのだろうか? それは、従来の経済学が富の有限性を無視したからだ。生物経済学では生物資源は有限なので、この問題が早くから指摘されてきた。

実は、この問題を世界で最初に指摘したのは、コリン・クラークである。彼は、一九七三年、『Nature』と並んで科学雑誌の双璧と言われる『Science』に、論文「The economics of overexploitation（過剰搾取の経済学）」を寄稿した。当時は自由競争をしながら水産資源を守っていくことが可能だと広く考えられていて、多くの研究者がその方法をずっと模索していた。ところが、クラークは、自由競争下における水産資源の保全が不可能であることを、非常にシンプルなモデルを使って証明した。

クラークの論文が発表される以前の生物資源の管理問題は、主に「共有地の悲劇（コモンズの悲劇）」の問題として捉えられていた。一九六八年に生態学者のギャレット・ハーディンが『Science』誌上に、同名の論文（英語は「The tragedy of the commons」）を発表した。生物資源を自由競争下におくと、早い者勝ちで資源を搾取するため、資源が乱獲され枯渇してしまうというのだ。だから、完全な共有地でなく、資源を管理する団体が所有権を持つようにすれば、生物資源が保全できると思ったのである。言い換えれば、私有地なら所有者は乱獲しないだろうというのだ。ところが、コリン・クラークはこの私有地でも問題は解決しないことを明示したのである。

自由競争とはすなわち、「個々の船主が利益の最適化を目指す」ことに他ならない。それは収益の最大化を図るということを意味する。生物の増殖率から考えると、水産資源を維持しながら（減少させないで）漁獲できる量は全資源量のせいぜい2～5％（クラーク『Mathematical Bioeconomics（数理生物経済学）』――一九九〇年――参照）である。したがって、自然の繁殖力に頼って漁業を営もうとしたら、漁業の利益率も最大2～5％になる。ところが、ビジネスの利益率は、業態や景気にもよるが、およそ平均7～8％はある（私が渡米した一九八二年頃には定期預金の金利は年率10～15％くらいであった）。この差はあまりにも大きすぎる。純粋な経済活動としてみた場合、平均以上の利益率を上げられないならば、経済活動として水産業を営む意味などない。

ここでは、漁業を自由競争で考えると、乱獲で一時的に極めて高い利益率を上げられることが問題となる。自由競争をする船主にとっては、資源の再生産などおかまいなく、漁獲率が低くなるまで効率よく魚を取り尽くして、最後には船を売って廃業することが最適な戦略となる。人間の寿命は短い。だから、2代、3代あとのことまで考えて行動することはなかなか難しい。何の制約もない自由経済で短期的な利益を追いかけるのはある意味、本能的であり、仕方がないことだ。つまり、自由経済下では、水産業は成り立たないのである。

これは農業や森林伐採についても同様で、自然増殖にたよるすべての第1次産業で同じことが言える。そもそも1次生産者である植物が行う光合成の効率（またはそれによる生長率）は、太陽エネルギーの3％前後に過ぎない（巌佐庸他編集『生態学事典』）。資源から持続的に得られる利益は、自由経済で得られる利益とは比較にならないくらい低い。

コリン・クラークはこの論文で、自由な経済活動が水産業においても可能だと考えていた価値観を、見事にひっくり返した。後に彼は、生物資源経済学という分野を確立するに至る。

同様のことがアマゾンの熱帯雨林でも起こっている。二〇〇一年度のブループラネット賞を受賞した生物学者ロバート・M・メイは、生物種の絶滅が過去100年で人類出現以前の1000倍にもなっており、22世紀にはさらにその10倍にもなると推定している。現代は、地球史上の5大絶滅と並ぶ「第6の大量絶滅」だと警告している。種多様性の喪失には熱帯雨林の問題が大きい。熱帯雨林には、実に地球上の総種数の3分の2の種が生息していると推定される。つまり、熱帯雨林の喪失は、地球上の生物多様性の喪失ともいえるのだ。

人類の活動以前、熱帯雨林の面積は約60億ヘクタールあったと推定されているが、現在は約30億ヘクタール以下といわれている。実に半分が消失した。この熱帯雨林の急激な減少も経済活動が原因である。たとえば、東南アジアの熱帯雨林にあるラワンは伐採され、日本などに輸出されて消えていった。

ロバート・M・メイと同時にブループラネット賞を受賞したノーマン・マイヤーズ博士は、こうした熱帯雨林消失のメカニズムを明らかにした。一九八〇年代、ブラジルを中心とした南米の熱帯雨林の伐採に、アメリカのハンバーガーが直接関与していることを彼は示した。この関係は、「ハンバーガー・コネクション」と呼ばれて有名になった。ブラジルの牧場主は広大な熱帯雨林を伐採して、そこに牧場を作り、牛を育てている。この牧場の牛は、ハンバーガー用の安価な牛肉としてアメリカに輸出されている。アメリカのハンバーガー消費のために、南米の広大な熱帯雨林が消えたのだ。これも、自由競争下では、熱帯雨林を維持することで得られる利益よりハンバーガーの利益の方が、高いことを示している。その点で、水産資源と同様のことが起こっている。つまり、資源は管理・保全しない限り、自由競争の餌食になって消えていく運命にあるのだ。

クラークの指摘した自由経済の落とし穴は、実は生物資源だけに留まらない。すべての経済活動に当てはまると私は思っている。つまり、投資の自由化はまわりまわって企業の生産活動を損なってしまうからだ。今、多くの大小の企業が縮小、倒産の憂き目にあっているのが何よりの証拠である。前に述べたように、投資ファンドは、自由化された外国為替への投資によって、すべ

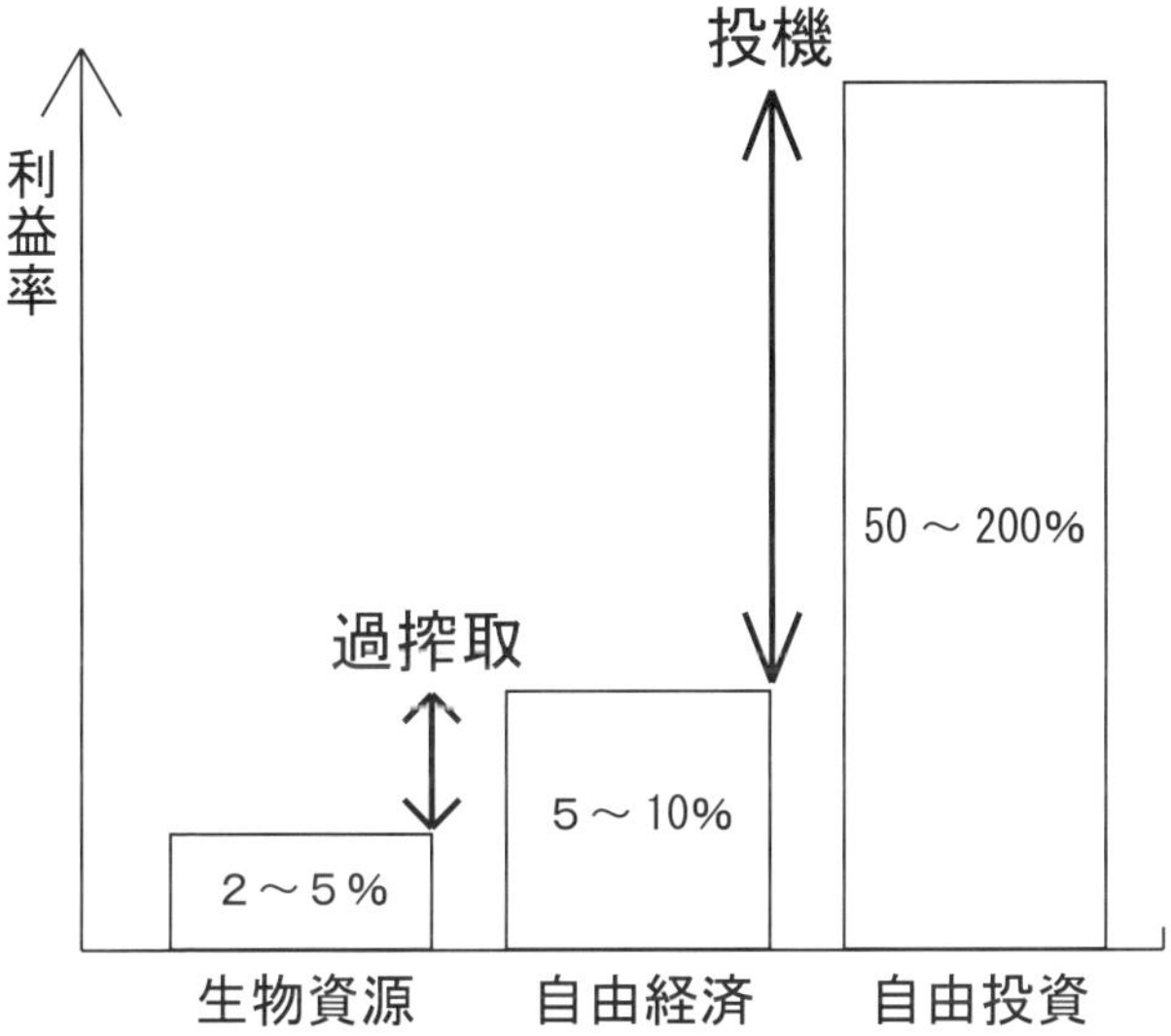

〈図14〉経済活動の上前を撥ねる二重構造。再生産可能な生物資源の利益率２～５％に較べて、自由（競争）経済の利益率は少なくとも５～10％と高いので、その利益率の差が、生物資源の過搾取を引き起こす。自由経済の利益率５～10％に較べて、金融資本主義により始まった自由投資は、時には50～200％もの利益を上げるので、投機により自由経済を支える産業活動の上前を撥ねることになる。但し、自由投資の利益率は一時的な利益で長期的には破産の可能性が高い。

ての輸出入をする企業の利益から上前を撥ねることが可能になった。同様に、株式の自由化により、本来長期投資であるべき株式投資が、会社資産を狙った短期投資となっている。つまり、従来の企業のまっとうな経済活動の上前を撥ねることが、投資自由化で可能になった〈図14〉。これはまさに、クラークの指摘した水産資源の上前を撥ねる構造と同じである。

クラークは、自由競争の利益率が生物資源の再生産率よりはるかに高いことが、資源破壊の原因となっていると説明したが、全く同じことが、自由化された短期投資と従来の経済活動の間でも成り立っている。従来の経済活動ではせいぜい10%くらいの利益率が上がれば成功と言えるが、ギャンブル的な短期投資では50%を超えることも稀ではない。一時的には100～200%を超えることもあった。だから、多くの富裕な資本家にとって、すべての企業資本を売り払い、短期投資につぎ込む戦略が最適と映ってしまうのだ。

世界の資本（富の総計）は、有限で、経済は常に成長するものではない。短期投資は、その有限な資本の奪い合いである。そして、このようなギャンブル的行為を続ければ、早晩、世界の経済活動は破壊され、現代文明は崩壊へと向かうだろう。だとすれば、私たちは今、4世代以降の人類を考え、「協同行動」をとらざるを得ないのである。ここで問題なのは、利益を得た強者たちだけが破綻するのではなく、その系（この場合、地球）にいる、貧者（弱者）も含めたすべてのメンバーに被害が及ぶことなのだ。

コリン・W・クラークが生物資源経済学の中で言おうとしたことは、ポスト市場主義のあり方を考えた場合、とても示唆に富むと私は思う。「持続可能な社会」という言葉は、一種の流行語のようになってしまったが、もし、本気で人類がそうした社会を理想にしようとするならば、私たちは「黙秘×黙秘」「ハト×ハト」的な選択をとるべきなのだ。逆にいえば、「自由」という錦の御旗の下に、ナッシュ解を求めていったら、絶滅しかあり得ないことは、約40億年の地球の生物たちの進化史が教えてくれているのである。今、「長期的な利益」のために、「短期的な利益」の追求を控え、協同行動をとるべき時なのだ。

「強い者」は最後まで生き残れない。最後まで生き残ることができるのは、他人と共生・協力できる「共生する者」であることは「進化史」が私たちに教えてくれていることなのである。

あとがき

生物進化を環境不確定性に対する対応とし、その最も有効な方法が友人・親友（共生と協同）を作ることだというのが本書の趣旨だが、私のいままでの前半生はまさに、波乱万丈の環境変動の中を両親や親友に助けられて、今日に至ったといえる。つまり、この理論は、私自身の人生観（経験）によって支えられている。

私の幼少期は、虫に囲まれて暮していたらしい。というのは、私は憶えていないのだが、母が言うには、まだ、ハイハイしている頃、縁側から庭を這っている毛虫を見て、「あれをとって」と言って彼女を驚かせていたらしい。小学生の頃には、母が夕食のお味噌汁に買ってきた貝のシジミを見つけて、プラスチックの箱に砂と水を敷いて飼ったことがある。一日中、箱の中の貝の動きを眺めていると、母は動かない「静物」を眺めて何が面白いのと首をかしげていたという。シジミは砂の上に置くとゴソゴソと穴を掘って砂にもぐり、排気口（出水管）から水をピューと噴出する。実にこまめに動き、生き生きとしていて、眺めていると飽きなかった。

生物採集と飼育・標本作りはいろいろした。標本作りは、小学生の2年のときに、千葉県の館山でひと夏過ごし、兄と館山・沖ノ島から洲崎にかけて１００種を超える貝類の採集をした。保育社の『原色日本貝類図鑑』を首っ引きで調べたものである。また昆虫採集は小学5、6年の頃から中学3年頃まで蝶類を中心に、標本作りもした。中学生時代には、1人旅をして、駅の電話ボックスで夜を過ごしたこともある。本州に分布する蝶類の実に8割くらいを採集した。他にも、小学生時代には、植物（草や木）や海藻の標本（押し葉）を作っている。

小学校5年の頃にはすでに、「大学は理学部の生物学科に行って、将来は生物学者になる」と決めていた。小学生時代は、勉強のすばらしくできない子供だったので、よくもまあ「将来、学者になる」などと妄想（？）していたものである。

実は、世田谷区下北沢にある世田谷区立東大原小学校に入学するとき、学校からしきりに特殊学級への進学を勧められたと後で聞いた。ＩＱテスト（知能テスト）の結果が、かなり低かったのだ。成績は、学年でいつもビリだった。おまけに、1年の夏に交通事故で片足を骨折して、半年間入院した。Ｔ字交差点から飛び出して、オート三輪に轢かれたのだ。撥ね飛ばされて、後輪の前20センチのところに落ちたので、車が急ブレーキで止まらなければ、この本を書くこともなかっただろう。担任の先生が病院まで訪ねてきてくれ、出席日数も満たしてくれて進級した。その時の成績は、小学生時代最高の平均「2」（5段階評価）というすばらしい通知表をもらった。

2年生になったら、算数が唯一「5」になったが、あとはほぼ「2」以下であった。2年の終りの通知表の通信欄に、「やっと、みんなと一緒に授業を聞くようになりましたね」と書かれていた。発育が遅く、幼すぎて集団行動ができず、幼稚園児以下のように気の向くままに行動していたらしい。

この頃は、クラスでもっともバカと見られていた。こんなエピソードがある。小学校1、2年生のときにクラスの級長をしていた優等生の子がいた。彼は、その後私と同じ中学にも進んだが、小学校3年以降ついに同じクラスにはならなかった。ところが、後に私が東京都立新宿高校に進学し、初登校の日に教室で彼と出会ったのだ。彼の驚きようは一様ではなかった。

「じんべいが、なぜ、ここにいるんだ？」

「じんべい」とは私のあだ名である。

「ここは、優等生が来る学区内でもトップクラスの進学校だ。なぜ、小学校でクラス1バカのおまえがいるのだ！」

失礼な話であると言いたいが、彼の驚きはよくわかる。中学ではクラスで2、3番以内（学年で10番くらいまで）でないと入れない高校なのだ。彼にしてみれば、意気揚々と教室に入ってみたら、なんと小学校で全学1のバカがいたのだから。

こんなにできなかったから、「学者になれない」という可能性を考えることさえできなかった。だから、今の学生たちが、自分の能力を測って、自分のしたいことを諦めてしまうのを見ると歯がゆくてしかたがない。努力する前に、自分をサイジング（能力を予想・過小評価）しているのだ。研究でも他の職業でも、「自分で基本（一）から考えること」が、最大の能力である。学校の成績はその時あまり役に立たないのだ。今まで、ノーベル賞物理学者を含む多くの著名な科学者に会って来たが、彼らが一様に持つ特徴は、その好奇心の強さである。それが考える力の源泉なのだ。

一九七四年には、小学校以来の「将来は生物学者」の一歩を踏み出して、千葉大学理学部生物学科に進学した。千葉大学では、故沼田真先生に「『生物主体』環境」という考えを学び、生物から見た環境世界の重要性を考えた。これが、後に環境を強く考える転機になったと思う。「環境（不確定性）からの独立」という本書の主題は、実は私が千葉大学の学部生の頃から考えていたアイディアである。千葉大学を卒業後に研究生をしているとき、都立大学の生態学研究室で「進化は環境からの独立」というテーマでセミナー発表をしている。

その後、ニューヨーク州立大学環境科学林学校の博士課程に進学するが、祖父高柳健次郎と母や妻に全面的に経済支援を受けた。当時まったくものになるかわからない落ちこぼれの私であったが、彼らの支援がなかったら現在の私は存在しなかった。実は、千葉大学卒業後、2年間の研究生を経て、東京農工大学大学院農学研究科修士課程に進学したが、研究がまとまらず、2年半でドロップアウトしてしまい、留学以外に生き残る道がなかったのだ。

留学中には、指導教授のウィリアム・M・シールズ教授や多くの先生、学生の世話になり、研究を続けてきた。シールズ教授ははじめ哲学を専攻したという変り種で、進化生物学の世界では変人で通っていたが、論理展開は実に見事であった。さらに、彼は当時新進の自由な発想の研究者で、私に自分の題目で自由に研究を進めさせてくれた。

7年間かかって、やっと博士の学位を取得し、本文でも生物資源経済学で触れたカナダのバンクーバーにあるブリティッシュ・コロンビア大学の数学教室にいたコリン・W・クラーク名誉教授の元で博士研究員を2年間続けた。さらに、その後1年間は、形質群選択（トレイト・グループ・セレクション）を提案したデイヴィッド・スローン・ウィルソン教授のもとで、博士研究員をした。その後、ノース・カロライナ州のデューク大学で2年、英国、インペリアル・カレッジのシルウッド校にある個体群生物学センターの専任研究員として2年間を過ごして、一九九七年1月に、浜松の静岡大学工学部システム工学科に助教授として採用された。

この間の海外生活は、アメリカ10年、カナダ2年、イギリス2年と総計14年にも及んだ。そして、多くの研究者と出会い、交流を深めてきた。例えば、個体選択の概念を提唱して、集団選択が一般には無視できることを明らかにした進化生物学の大家ジョージ・C・ウィリアムズは、アメリカ東部の行動学会で、本書にも紹介した私の最初の論文の話を詳しく聞いてくれた。博士課程の頃、デイヴィッドを訪ねると、彼が私のことをとても高く評価しているので、不思議に思っていたら、ウィリアムズがなんと彼の新しい自然選択の本で、私の論文を詳しく紹介していた。デイヴィッドはその草稿を読んでいたのである。また、生物カオスや種多様性で有名なロバート・M・メイは、コリン・W・クラークが紹介してくれ、その後付き合いが続いた。さらに、本書に出てくるウィリアム・D・ハミルトンやジョン・メイナード・スミスなど多くの著名な研究者とも出会った。そのほかにも、全部はあげられないが、無数のすばらしい研究者に出会い、エキサイトする話を聞いてきた。

一九九七年に静岡大学に来てからも多くの人々に触発されて、本書執筆の動機に繋がった。特に泰中啓一教授とは、合同研究室を運営したり、多くのプロジェクトを共同研究して、いくつもの共生・共存に関する研究を進めてきた。また、兵庫県立大学大学院環境人間学研究科の田中裕美さんとは、本書に紹介した「周期ゼミのアリー効果」などでとてもすばらしい共同研究をしたが、本書の原稿への意見もいただいた。残念ながら投稿中で紹介できなかったが、彼女の卒業研究「アユのなわばり形成・崩壊のヒステリシス」は歴史的研究である。長年の泰中・吉村合同研究室の学生たちにも大変お世話になった。本書の多くの模式図は、研究室の学生が描いてくれた。

また、浅見崇比呂、長谷川英祐、曽田貞滋、今野紀雄、畑啓生、松浦健二、樋口広芳、松本忠夫、藤崎憲治、加藤憲二、ダグラス・フレイザー、池上高志、中村浩志、三浦徹、向坂幸雄、富樫辰也、高橋佑磨の皆さん、及び国立科学博物館には、生物写真や様々な情報を提供してもらった。浅見、長谷川、松浦、千葉聡、鳥居美帆の諸氏には、原稿に対して様々な意見をいただいた。もちろん、内容に関する責任はすべて私個人にある。

本書は、新潮社出版部選書編集部副編集長の今泉正俊さんの強い勧めにより、ほぼ3年の歳月をかけて書きあげた。また、齋藤海仁さんには、聞き取り原稿の作成をしていただいた。

このように、とても数多くの人々のご厚意とご協力の上で初めて本書は陽の目を見ることとなった。本当に感謝いたします。

（尚、本文の中では敬称を略させていただいた）

二〇〇九年秋、浜松にて　吉村　仁

参考文献

第一部　第一章

チャールズ・R・ダーウィン著／八杉龍一訳『種の起原（上・下）』（原著初版訳）岩波文庫（一九九〇年）（英語版：Darwin, C. 1859. On the Origin of Species by means of Natural Selection or the Preservation of Favoured Races in the Struggle for Life.）

チャールズ・R・ダーウィン著／長谷川真理子訳『ダーウィン著作集〈1・2〉人間の進化と性淘汰（Ⅰ・Ⅱ）』文一総合出版（一九九九／二〇〇〇年）（英語版：Darwin, C. 1871. The Descent of Man and Selection in Relation to Sex. 人間の由来と性に関する選択）

ヤーコプ・フォン・ユクスキュル、ゲオルク・クリサート著／日高敏隆・羽田節子訳『生物から見た世界』岩波文庫（二〇〇五年）

沼田真著『植物たちの生』岩波新書（一九七二年）

Kettlewell, H. B. D. 1955. Selection experiments on industrial melanism in the Lepidoptera. Heredity9 : 323-343.

Kettlewell, B. 1973. The Evolution of Melanism : The Study of a Recurring Necessity-With special reference to Industrial Melanism in the Lepidoptera. Oxford Univ. Press.

第二章

ロバート・トリヴァース著／中嶋康裕他訳『生物の社会進化』産業図書（一九九一年）

コンラート・ローレンツ著／日高敏隆訳『ソロモンの指環』早川書房（一九八七年）

ジョン・メイナード‐スミス著／寺本英他訳『進化とゲーム理論』産業図書（一九八五年）（英語版：Maynard Smith, J. 1982. Evolution and the Theory of Games. Cambridge Univ. Press.）

ジョン・フォン・ノイマン、オスカー・モルゲンシュテルン著／阿部修一他訳『ゲームの理論と経済行動（I・II・III）』ちくま学芸文庫（二〇〇九年）（英語版：Von Neumann, J. and O. Morgenstern. 1944. Theory of Games and Economic Behavior. Princeton Univ. Press.）

Trivers, R. L. 2002. Natural Selection and Social Theory. Oxford Univ. Press.

Haldane, J. B. S. 1955. Population genetics. New Biology. Penguin Books 18 : 34-51.

Wynne-Edwards, V. C. 1962. Animal Dispersion in Relation to Social Behaviour. Oliver & Boyd, Edinburgh, UK.

Williams, G. C. 1966. Adaptation and Natural Selection : A Critique of Some Current Evolutionary Thought. Princeton Univ. Press.

Williams, G. C. 1992. Natural Selection : Domains, Levels, and Challenges. Oxford Univ. Press.

Wilson, D. S. 1975. A theory of group selection. Proc. Natl. Acad. Sci. USA 72 : 143-146.

Wilson, D. S. 1980. The Natural Selection of Populations and Communities. Benjamin/Cummings, Menlo Park, CA.

Maynard Smith, J. 1989. Evolutionary Genetics. Oxford Univ. Press.

Nash, J. F. 1950. Equilibrium points in n-person games. Proc. Natl. Acad. Sci. USA 36 : 48-49.

第三章

Hamilton, W. D. 1964. The genetical evolution of social behaviour : I, II. J. theoret. Biol. 7 : 1-52.
Axelrod, R. and W. D. Hamilton. 1981. The evolution of cooperation. Science 211 : 1390-1396.

第四章

マット・リドレー著／長谷川真理子訳『赤の女王—性とヒトの進化』翔泳社（一九九五年）
Caraco, T. 1979. Time budgeting and group size : a theory. Ecology 60 : 611-617.
Caraco, T. 1979. Time budgeting and group size : a test of theory. Ecology 60 : 618-627.
Caraco, T. 1980. Stochastic dynamics of avian foraging flocks. Am. Nat. 115 : 262-275.
Caraco, T. 1982. Flock size and the organization of behavioral sequences in juncos. Condor 84 : 101-105.
Tainaka, K., J. Yoshimura and M L. Rosenzweig. 2007. Do male orangutans play a hawk-dove game? Evolutionary Ecology Research 9 : 1043-1049.
Tanaka, Y., J. Yoshimura, T. Hayashi, D. G. Miller III, and K. Tainaka. 2009. Breeding games and dimorphism in male salmon. Anim. Behav. 77 : 1409-1413, doi : 10.10.1016/j.anbehav. 2009.01.039.

第五章

木村資生著『生物進化を考える』岩波新書（一九八八年）
ジョナサン・ワイナー著／樋口広芳・黒沢令子訳『フィンチの嘴—ガラパゴスで起きている種の変貌』早川書房（一九九五年）

Kimura, M. 1968. Evolutionary rate at the molecular level. Nature 217 : 624-626.
Kimura, M. 1969. The rate of molecular evolution considered from the standpoint of population genetics. Proc. Natl. Acad. Sci. USA 63 : 1181-1188.
Kimura, M. 1983. The Neutral Theory of Molecular Evolution. Cambridge Univ. Press.
Eldredge, N. and S. J. Gould. 1972. Punctuated equilibria : an alternative to phyletic gradualism. In T. J. M. Schopf, ed., Models in Paleobiology. San Francisco : Freeman Cooper. pp. 82-115.
Grant, P. R. 1986. Ecology and Evolution of Darwin's Finches. Princeton Univ. Press.
Losos, J. B., K. I. Warheitt, and T. W. Schoener. 1997. Adaptive differentiation following experimental island colonization in Anolis lizards. Nature 387 : 70-73.
Losos, J. B., and R. E. Ricklefs. 2009. Adaptation and diversification on islands. Nature 457 : 830-836.

第二部　第六章

池上高志著『動きが生命をつくる―生命と意識への構成論的アプローチ』青土社（二〇〇七年）
アーサー・ブロック著／倉骨彰訳『マーフィーの法則』アスキー（一九九三年）
今野紀雄著『図解雑学　確率　第２版』ナツメ社（二〇〇四年）
ブライアン・トラブショー著／小路浩史訳『コンコルド・プロジェクト―栄光と悲劇の怪鳥を支えた男たち』原書房（二〇〇一年）
Walter, W. G. 1950. An imitation of life. Scientific American 182 (5) : 42-45.
Walter, W. G. 1951. A machine that learns. Scientific American 185 (2) : 60-63.
Cooper, W. S. and R. H. Kaplan. 1982. Adaptive "coin-flipping" : a decision-theoretic examination of

natural selection for random individual variation. J. theoret. Biol. 94 : 135-151.
Stephens, D. W. and J. R. Krebs. 1986. Foraging Theory. Princeton Univ. Press.
Mangel, M. and C. W. Clark. 1988. Dynamic Modeling in Behavioral Ecology. Princeton Univ. Press.

第七章

桐谷圭治・中筋房夫著『害虫とたたかう―防除から管理へ』ＮＨＫブックス（一九七七年）
「アラスカ→ＮＺ 休まぬ渡り鳥」朝日新聞東京本社夕刊（二〇〇八年11月１日）
佐藤英治著『アサギマダラ 海を渡る蝶の謎』山と溪谷社（二〇〇六年）
宮地伝三郎著『アユの話』岩波新書（一九六〇年）
泰中啓一・吉村仁著『生き残る生物 絶滅する生物』日本実業出版社（二〇〇七年）
大賀一郎著『ハスと共に六十年』アポロン社（一九六五年）
Root, R. B. and P. Kareiva. 1984. The search for resources by cabbage butterflies (Pieris rapae) : Ecological consequences and adaptive significance of markovian movements in a patchy environment. Ecology 65 : 147-165.
Yoshimura, J. and V. A. A. Jansen. 1996. Evolution and population dynamics in stochastic environments. Researches on Population Ecology 38 : 165-182.
Jansen, V. A. A. and J. Yoshimura. 1998. Populations can persist in an environment consisting of sink habitats only. Proc. Natl. Acad. Sci. USA 95 : 3696-3698.
Schaffer, W. M. 1974. Optimal reproductive effort in fluctuating environments. Am. Nat. 108 : 783-790.
Bulmer, M. G. 1985. Selection for iteroparity in a variable environment. Am. Nat. 126 : 63-71.

Yoshimura, J. and C. W. Clark. 1991. Individual adaptations in stochastic environments. Evolutionary Ecology 5 : 173-192.

Yoshimura, J. and C. W. Clark, editors. 1993. Adaptation in Stochastic Environments. Lecture Notes in Biomathematics Volume 98, Springer-Verlag.

Wilson, D. S. and J. Yoshimura. 1994. On the coexistence of specialists and generalists. Am. Nat. 144 : 692-707.

Bulmer, M. 1994. Theoretical Evolutionary Ecology. Sinauer Associates, Sunderland, MA.

DeWitt, T. J. and J. Yoshimura. 1998. The fitness threshold model : Random environmental change alters adaptive landscapes. Evolutionary Ecology 12 : 615-626.

Yoshimura, J., Y. Tanaka, T. Togashi, S. Iwata and K. Tainaka. 2009. Mathematical equivalence of geometric mean fitness with probabilistic optimization under environmental uncertainty. Ecological Modelling, 220 : 2611-2617 doi : 10.1016/j.ecomodel.2009.06.046.

Krebs, C. J. 1972. Ecology : The Experimental Analysis of Distribution and Abundance. Harper & Row, New York.

Beissinger, S. R. 1986. Demography, environmental uncertainty, and the evolution of mate desertion in the Snail Kite. Ecology 67 : 1445-1459.

Clark, C. W. and C. D. Harvell. 1992. Inducible defenses and the allocation of resources : a minimal model. Am. Nat. 139 : 521-539.

den Boer, P. J. 1968. Spreading of risk and stabilization of animal numbers. Acta Biotheoretica 18 : 165-194.

第八章

吉村仁著『素数ゼミの謎』文藝春秋（二〇〇五年）

吉村仁著『17年と13年だけ大発生？ 素数ゼミの秘密に迫る！』サイエンス・アイ新書（二〇〇八年）

Togashi, T., J. L. Bartelt and P. A. Cox. 2004. Simulation of gamete behaviors and the evolution of anisogamy : reproductive strategies of marine green algae. Ecological Research 19 : 563-569.

Togashi, T., M. Nagisa, T. Miyazaki, J. Yoshimura, K. Tainaka, J. L. Bartelt and P. A. Cox. 2008. Effects of gamete behavior and density on fertilization success in marine green algae : insights from three-dimensional numerical simulations. Aquatic Ecology 42 : 355-362.

Fisher, R. A. 1930. The Genetical Theory of Natural Selection. Oxford Univ. Press.

Tainaka, K., T. Hayashi and J. Yoshimura. 2006. Sustainable sex ratio in lattice populations. Europhysics Letters 74 : 554-559.

Alcock, J. and J. E. Schaefer. 1983. Hilltop territoriality in a Sonoran desert bot fly (Diptera : Cuterebridae). Anim. Behav. 31 : 518-525.

Alcock, J. 1989. The mating system of Mydas ventralis (Diptera : Mydidae). Psyche 96 : 167-176.

Shields, O. 1967. Hilltopping. Journal of Research on the Lepidoptera 6 : 69-178.

Scott, J. A. 1968. Hilltopping as a mating mechanism to aid the survival of low density species. Journal of Research on the Lepidoptera 7 : 191-204.

Yoshimura, J. 1989. The Effects of Uncertainty on Biological Systems : A Probabilistic Perspective. Ph. D. Thesis, State University of New York College of Environmental Science and Forestry.

Yoshimura, J. 1992. By-product runaway evolution by adaptive mate choice: a behavioral aspect of sexual selection. Evolutionary Ecology 6 : 261-269.
Yoshimura, J. and C. W. Clark. 1994. Population dynamics of sexual and resource competition. Theoretical Population Biology 45 : 121-131.
Yoshimura, J. 1997. The evolutionary origins of periodical cicadas during ice ages. Am. Nat. 149 : 112-124.
Yoshimura, J. and W. T. Starmer. 1997. Speciation and evolutionary dynamics of asymmetric mating preference. Researches on Population Ecology 39 : 191-200.
Kawata, M. and J. Yoshimura. 2000. Speciation by sexual selection in hybridizing populations without viability selection. Evolutionary Ecology Research 2 : 897-909.
Yoshimura, J., T. Hayashi, Y. Tanaka, K. Tainaka and C. Simon. 2009. Selection for prime-number intervals in a numerical model of periodical cicada evolution. Evolution 63 : 288-294.
Tanaka, Y., J. Yoshimura, C. Simon, J. R. Cooley and K. Tainaka. 2009. Allee effect in the selection for prime-numbered cycles in periodical cicadas. Proc. Natl. Acad. Sci. USA 106 : 8975-8979 ; published online before print May 18, 2009, doi : 10.1073/pnas.0900215106.
Pinxten, R., O. Hanotte, M. Eens, R. F. Verheyen, A. A. Dhondt and T. Burke. 1993. Extra-pair paternity and intraspecific brood parasitism in the European starling, Sturnus vulgaris : evidence from DNA fingerprinting. Anim. Behav. 45 : 795-809.
Westneat, D. F. and I.R.K. Stewart. 2003. Extra-pair paternity in birds : causes, correlates, and conflict. Annual Review of Ecology, Evolution, and Systematics 34 : 365-396.

Takahashi, Y. and M. Watanabe. 2009. Diurnal changes and frequency dependence in male mating preference for female morphs in the damselfly *Ischnura senegalensis* (Rambur) (Odonata : Coenagrionidae). Entomological Science 12 : 219-226.

Takahashi, Y. and M. Watanabe. 2009. Female reproductive success affected by selective male harassment in the damselfly *Ischnura senegalensis*. Anim. Behav. in press.

第九章

Hutchinson, G. E. 1961. The paradox of the plankton. Am. Nat. 95 : 137-145.

Miyazaki, T., K. Tainaka, T. Togashi, T. Suzuki and J. Yoshimura. 2006. Spatial coexistence of phytoplankton species in ecological timescale. Population Ecology 48 : 107-112.

Yoshimura, J. and W. M. Shields. 1987. Probabilistic optimization of phenotype distributions : a general solution for the effects of uncertainty on natural selection? Evolutionary Ecology 1 : 125-138.

Yoshimura, J. and W. M. Shields. 1995. Probabilistic optimization of body size : a discrepancy between genetic and phenotypic optima. Evolution 49 : 375-378.

Lack, D. L. 1954. The Natural Regulation of Animal Numbers. Oxford Univ. Press.

Vermeer, K. 1963. The breeding ecology of the glaucous-winged gull (Larus glaucescens) on Mandarte Island, B. C. Occ. Papers of B.C. Provincial Museum No. 13. 104p.

Boyce, M. S. and C. M. Perrins. 1987. Optimizing great tit clutch size in a fluctuating environment. Ecology 68 : 142-153.

第三部　第十章

佐藤英治著『アサギマダラ　海を渡る蝶の謎』山と溪谷社（二〇〇六年）
沼田真著『植物たちの生』岩波新書（一九七二年）
沼田真著『生態学方法論』（新版）古今書院（一九七九年）
マーストン・ベイツ著／岡田宏明訳『森と海の生態』時事新書（一九六三年）
藤崎憲治・鳥飼否宇著『群れろ！—昆虫に学ぶ集団の知恵』エヌ・ティー・エス（二〇〇八年）
Gill Jr., R. E., et al. 2008. Extreme endurance flights by landbirds crossing the Pacific Ocean : ecological corridor rather than barrier? Proc. Royal Soc. B. doi : 10.1098/rspb.2008.1142.
Brower, L. P. 1977. Monarch migration. Natural History 86 : 40-53.
Brower, L. P. and S. B. Malcolm. 1991. Animal migrations : endangered phenomena. American Zoologist 31 : 265-276.
Wang, H. Y. and T. C. Emmel. 1990. Migration and overwintering aggregations of nine danaine butterfly species in Taiwan（Nymphalidae）. Journal of the Lepidopterists' Society 44 : 216-228.

第十一章

坂上昭一著『ミツバチのたどったみち—進化の比較社会学』思索社（一九七〇年）
坂上昭一著『私のブラジルとそのハチたち』思索社（一九七五年）
リチャード・リーキー著／岩本光雄訳『入門　人類の起源』新潮文庫（一九八七年）
国立社会保障・人口問題研究所編集『人口の動向　日本と世界—人口統計資料集—１９９９』厚生統計協会（一九九九年）

宮地伝三郎著『サルの話』岩波新書（一九六六年）
ウェルナー・ハイゼンベルク著／山崎和夫訳『部分と全体—私の生涯の偉大な出会いと対話』みすず書房（一九七四年）
ジャック・モノー著／渡辺格・村上光彦訳『偶然と必然—現代生物学の思想的な問いかけ』みすず書房（一九七二年）
Turner, J. S. 2000. The Extended Organism : The Physiology of Animal-Built Structures. Harvard Univ. Press.
Hata, H. and M. Kato. 2006. A novel obligate cultivation mutualism between damselfish and Polysiphonia algae. Biology Letters 2 : 593-596.
Rausher, M. D. 1978. Search image for leaf shape in a butterfly. Science 200 : 1071-1073.
Prokopy, R. J., A. L. Averill, S. S. Cooley and C. A. Roitberg. 1982. Associative learning in egglaying site selection by apple maggot flies. Science 218 : 76-77.
Bonner, J. T. 1983. The Evolution of Culture in Animals. Princeton Univ. Press.
Fisher, J. and R. A. Hinde. 1949. The opening of milk bottles by birds. British Birds 42 : 347-357.

第十二章

アンドルー・H・ノール著／斉藤隆央訳『生命 最初の30億年—地球に刻まれた進化の足跡』紀伊國屋書店（二〇〇五年）
ウィリアム・F・ルーミス著／中村運訳『遺伝子からみた40億年の生命進化』紀伊國屋書店（一九九〇年）
リチャード・フォーティ著／渡辺政隆訳『生命40億年全史』草思社（二〇〇三年）

丸山茂徳・磯崎行雄著『生命と地球の歴史』岩波新書（一九九八年）
リン・マーギュリス著／中村桂子訳『共生生命体の30億年』草思社（二〇〇〇年）
ガブリエル・ウォーカー著／川上紳一監修／渡会圭子訳『スノーボール・アース―生命大進化をもたらした全地球凍結』早川書房（二〇〇四年）
田近英一著『凍った地球―スノーボールアースと生命進化の物語』新潮選書（二〇〇九年）
スティーヴン・ジェイ・グールド著／渡辺政隆訳『ワンダフル・ライフ―バージェス頁岩と生物進化の物語』ハヤカワ文庫ＮＦ（二〇〇〇年）
アンドリュー・パーカー著／渡辺政隆・今西康子訳『眼の誕生―カンブリア紀大進化の謎を解く』草思社（二〇〇六年）
エドワード・オズボーン・ウィルソン著／山下篤子訳『生命の未来』角川書店（二〇〇三年）
湯本貴和著『熱帯雨林』岩波新書（一九九九年）
栗原康著『共生の生態学』岩波新書（一九九八年）
Kato, K. 1996. Bacteria - a link among ecosystem constituents. Researches on Population Ecology 38 : 185-190.
Sagan (Margulis), L. 1967. On the origin of mitosing cells. J. theoret. Biol. 14 : 255-274.
Margulis, L. 1970. Origin of Eukaryotic Cells. Yale Univ. Press.
McNaughton, S. J. 1979. Grazing as an optimization process : grass-ungulate relationships in the Serengeti. Am. Nat. 113 : 691-703.
McNaughton, S. J. and L. L. Wolf. 1979. General Ecology. 2nd edition. Holt, Rinehart and Winston, New York.

Hamilton, W. D. 1967. Extraordinary sex ratios. Science 156 : 477-488.

第十三章

井上清著『日本の歴史（上・中・下）』岩波新書（一九六三／一九六五／一九六六年）
河野健二著『フランス革命小史』岩波新書（一九五九年）
エドワード・O・ウィルソン著／坂上昭一他訳『社会生物学』新思索社（一九九九年）（英語版：Wilson, E. O. 1975. Sociobiology : The New Synthesis. Harvard Univ. Press, Cambridge, MA.）
Matsuura, K., E. L. Vargo, K. Kawatsu, P. E. Labadie, H. Nakano, T. Yashiro and K. Tsuji. 2009. Queen succession through asexual reproduction in termites. Science 323 : 1687.
Shields, W. M. 1980. Ground squirrel alarm calls : nepotism or parental care? Am. Nat. 116 : 599-603.
Krebs, J. R. and N. B. Davies. 1987. An Introduction to Behavioural Ecology. 2nd edition. Blackwell Scientific, Oxford.
Thornhill, R. and J. Alcock. 1983. The Evolution of Insect Mating Systems. Harvard Univ. Press.
Pleszczynska, W. K. 1978. Microgeographic prediction of polygyny in the lark bunting. Science 201 : 935-937.
Emlen, S. T. 1991. Cooperative breeding in birds and mammals. pp. 305-339 in J. R. Krebs and N. B. Davies, eds. Behavioural Ecology : An Evolutionary Approach, 3rd edition. Blackwell Scientific, Oxford.
Emlen, S.T. and P.H. Wrege. 1994. Gender, status and family fortunes in the White-fronted Bee-eater. Nature 367 : 129-132.
Brown, J. L. 1970. Cooperative breeding and altruistic behaviour in the Mexican Jay, Aphelocoma

ultramarina. Anim. Behav. 18 : 366-378.
Brown, J. L. 1972. Communal feeding of nestlings in the Mexican Jay（Aphelocoma ultramarina）: interflock comparisons. Anim. Behav. 20 : 395-403.

第十四章

梶原正昭・山下宏明校注『平家物語（一）』岩波文庫（一九九九年）
宮崎勇・本庄真著『日本経済図説 第三版』岩波新書（二〇〇一年）
藤原彰著『大系 日本の歴史15：世界の中の日本』小学館ライブラリー（一九九三年）
爆笑問題・吉村仁著『爆笑問題のニッポンの教養 生き残りの条件≠強さ』講談社（二〇〇八年）
水野和夫著『金融大崩壊―「アメリカ金融帝国」の終焉』生活人新書（二〇〇八年）
スーザン・ストレンジ著／小林襄治訳『カジノ資本主義』岩波現代文庫（二〇〇七年）
西川俊作編／浅子和美・池尾和人・大村敬一・須田美矢子著『経済学とファイナンス』東洋経済新報社（一九九五年）
伊藤元重著『ゼミナール国際経済入門』日本経済新聞社（一九八九年）
アラン・グリーンスパン著／山岡洋一・高遠裕子訳『波乱の時代（上・下）』日本経済新聞出版社（二〇〇七年）
浜矩子著『グローバル恐慌―金融暴走時代の果てに』岩波新書（二〇〇九年）
警察庁生活安全局生活安全企画課『平成20年中における自殺の概要資料』（二〇〇九年）
アル・ゴア著／小杉隆訳『地球の掟―文明と環境のバランスを求めて』ダイヤモンド社（一九九二年）
アル・ゴア著／枝廣淳子訳『不都合な真実』ランダムハウス講談社（二〇〇七年）
コリン・W・クラーク著／竹内啓・柳田英二訳『生物経済学―生きた資源の最適管理の数理 第二版』啓明社

（一九八三年）

コリン・W・クラーク著／田中昌一監訳『生物資源管理論―生物経済モデルと漁業管理』恒星社厚生閣（一九八八年）（英語版：Clark, C. W. 1985. Bioeconomic Modelling and Fisheries Management. John Wiley & Sons, New York.)

Clark, C. W. 1973. The economics of overexploitation. Science 181 : 630-634.

Clark, C. W. 1990. Mathematical Bioeconomics : The Optimal Management of Renewable Resources. 2nd edition. John Wiley & Sons, New York.

Hardin, G. 1968. The tragedy of the commons. Science 162 : 1243-1248.

May, R. M. 1973. Stability and Complexity in Model Ecosystems. Princeton Univ. Press.

May, R. M. 1988. How many species are there on earth? Science 241 : 1441-1449.

May, R. M. 1990. How many species? Philosophical Transactions of the Royal Society of London 330 : 293-304.

May, R. M. and S. Nee. 1995. The species alias problem. Nature 378 : 447-448.

Pimm, S. L., Russell, G. J., J. L. Gittleman and T. M. Brooks. 1995. The future of biodiversity. Science 269 : 347-350.

Myers, N. 1981. The hamburger connection : How Central America's forests become North America's hamburgers. Ambio 10 : 3-8.

Myers, N. ed. 1992. Tropical Forests and Climate. Kluwer Academic.

新潮選書

強《つよ》い者《もの》は生《い》き残《のこ》れない
——環境《かんきょう》から考《かんが》える新《あたら》しい進化論《しんかろん》

著　者………………吉村《よしむら》　仁《じん》

発　行………………2009年11月20日
7　刷………………2017年12月20日

発行者………………佐藤隆信
発行所………………株式会社新潮社
〒162-8711　東京都新宿区矢来町71
電話　編集部　03-3266-5411
　　　読者係　03-3266-5111
http://www.shinchosha.co.jp
印刷所………………三晃印刷株式会社
製本所………………株式会社大進堂

乱丁・落丁本は、ご面倒ですが小社読者係宛お送り下さい。送料小社負担にてお取替えいたします。
価格はカバーに表示してあります。

ISBN978-4-10-603652-1 C0345